# 工业机器人典型
# 工作站虚拟仿真详解

陈 鑫 著

机 械 工 业 出 版 社

本书根据工业机器人在智能制造领域的典型应用案例，梳理其应用背景、设计原理、仿真过程，引出教学思想，为机器人工程相关专业的教育教学同行们提供理论指导与实践参考。本书采用"理论知识"与"工程实例"相结合的叙述方法，结合机器人工程专业本科实践教育的特点，以ABB工业机器人焊接工作站为主线，以当下快速发展的虚拟仿真实验和机器视觉检测技术为两翼，理论与软件操作相结合，对ABB工业机器人焊接工作站、玻璃清洗工作站虚拟仿真实验、机器视觉缺陷检测系统设计这三个典型案例进行详细分析。

本书可作为本科院校及部分高职院校机器人工程相关专业师生的实验指导用书，也可为从事工业机器人系统集成设计、编程、调试的工程技术人员提供理论指导。

**图书在版编目（CIP）数据**

工业机器人典型工作站虚拟仿真详解/陈鑫著．—北京：机械工业出版社，2021.12（2024.6重印）

ISBN 978-7-111-69249-2

Ⅰ．①工… Ⅱ．①陈… Ⅲ．①工业机器人—工作站—仿真设计

Ⅳ．①TP242.2

中国版本图书馆CIP数据核字（2021）第200062号

机械工业出版社（北京市百万庄大街22号　邮政编码100037）

策划编辑：周国萍　　责任编辑：周国萍　刘本明

责任校对：王　欣　　封面设计：马精明

责任印制：张　博

北京雁林吉兆印刷有限公司印刷

2024年6月第1版第5次印刷

169mm×239mm・7.75印张・151千字

标准书号：ISBN 978-7-111-69249-2

定价：59.00元

电话服务　　　　　　　　　　　网络服务

客服电话：010-88361066　　　机 工 官 网：www.cmpbook.com

　　　　　010-88379833　　　机 工 官 博：weibo.com/cmp1952

　　　　　010-68326294　　　金 书 网：www.golden-book.com

**封底无防伪标均为盗版**　　机工教育服务网：www.cmpedu.com

# 前　言

随着智能制造技术的快速发展和工业机器人系统集成的大量应用，该类项目的机械设计与虚拟仿真设计逐渐成为行业技术人员的必备技能。工业机器人工作站项目的复杂性、技术的集成性与调试过程的不确定性，导致许多应用问题在理论和实践中成为难点。本书试图在总结过去研究工作的基础上阐述典型 ABB 工业机器人工作站系统集成设计的基础理论、技术方法、实践应用，为工业机器人系统集成、虚拟仿真实验与机器视觉检测提供理论与实践的基本方法。

在本书中，作者针对市场上占有率较高的 ABB 工业机器人工作站案例，结合作者所在高校近两年来与相关企业合作的项目进行分析，提出一种全新的设计方法和教学理论。

本书共分为 4 章：第 1 章为概述，是全书的导论，引出概念和案例，为全书搭起框架；第 2 章为焊接工作站虚拟仿真，以工作站的设计与工业机器人软件仿真为重点，详解设计和仿真的过程，是全书的核心；第 3 章为虚拟仿真实验，以玻璃清洗工作站的实验为背景，分享设计的开发流程；第 4 章为机器视觉缺陷检测系统设计，深度讲解了视觉系统的硬件架构、软件操作及调试过程。全书对知识点的讲解以实操为主，运用大量的图片，通俗易懂，结构清晰合理。

本书的研究内容得到了武汉商学院的资助，以及项目合作企业的技术支持，在此向关心作者研究工作的所有单位和个人表示衷心的感谢。另外，作者还要感谢为本书成稿辛苦付出的同事们，本书顺利成稿离不开他们的帮助和支持。本书所参考的研究成果已在文献中列出，在此一并表示感谢。由于作者水平有限，书中难免有疏漏和不足，衷心希望广大读者朋友批评指正。

　　书中用到的源文件可扫描下方二维码进行下载。

作　者

# 目　录

# 第 1 章
## 概　述

**学习目标**

1. 熟悉工业机器人系统集成的概念和应用方向。
2. 熟悉工业机器人仿真技术的应用场合与常用的几种仿真软件类型。
3. 了解工业机器人工作站典型应用案例。
4. 了解虚拟仿真技术与 VR 技术。
5. 了解视觉检测技术的基本概念和应用场合。

　　智能制造技术是在现代传感技术、人工智能技术、自动化技术等先进技术的基础上，通过智能化的感知、人机交互、深度学习等方式方法来实现设计过程、制造过程的智能化，是信息技术和智能技术、装备制造过程技术深度融合的产物。智能制造贯穿于制造业的研发设计、生产制造、经营管理和售后服务，是一种崭新的全过程生产方式。工业机器人是制造业皇冠上的明珠，其研发、制造、应用是衡量一个国家科技创新和高端制造业水平的重要标志。我国从 2014 年至今一直保持着全球工业机器人第一大应用市场的称号，我国工业机器人产业加速向高端产品、人工智能领域迈进，正从机器人应用大国转变为创新大国。

　　《中国制造 2025》和国务院《关于深化制造业与互联网融合发展的指导意见》等政策将智能制造提升到国家战略高度，并相继强调智能制造是抢占信息技术和制造技术深度融合竞争制高点的主攻方向。智能制造较之传统工业制造，具有知识运用程度高、技术更新密度大、附加值比重大等优势。

## 1.1　工业机器人系统集成技术

### 1.1.1　系统集成简介

　　进行工业机器人系统集成，需要具备产品的设计能力和对终端用户工艺的理解能力，还需要具备丰富的项目经验及各行业标准化、自动化装备的开发能力。从机器人产品出发，工业机器人的制造开发是机器人产业发展的基础，而工业机器人系统集成则推动了工业机器人的大规模普及。相对于本体设备商的技术垄断和高利润率，系统集成商壁垒低，利润更低，但是占据的市场规模较大。

工业机器人系统集成可以分为以下三种模式：

（1）欧洲模式　常采用 ERP 交钥匙工程，即根据客户的需求，设计研发完整的产线，包括工业机器人本体和相关配套设备，以及对用户进行培训，使客户在项目对接完成后可以直接生产经营。

（2）日本模式　对客户需求分层交付，机器人本体厂商完成对机器人的供货，其子公司或下游公司完成项目的相关配套设备的设计、研发、安装，从而配合完成交钥匙工程。

（3）美国模式　美国模式一般为采购与成套设计相结合。由于美国本土并不生产机器人本体设备，因此当企业需要机器人及相关设备时，往往通过向日欧企业采购本体，再自行设计配套设备的方式，为客户提供交钥匙工程，其核心技术主要在机器人系统集成。

中国的系统集成虽然起步较晚，但其发展融合了欧洲、日本和美国三种模式。中国智能制造市场全球最大，具备完整的工业产业链。目前我国的机器人产业正逐步走向成熟，国内既有数量惊人的机器人本体研发与制造企业，又有上万家机器人系统集成商。

## 1.1.2　系统集成的应用方向

机器人本体是系统集成的中心，系统集成是对机器人本体的二次开发，机器人本体的性能决定了系统集成的高度，系统集成的水平拓展了机器人本体的使用广度。我国的机器人系统集成产业要想赶超国际先进水平，还需要从三个方面进行突破。第一，目前我国东部沿海地区具备大量的系统集成企业，而中西部地区系统集成企业偏少，且规模普遍很小，应从宏观层面推出相应政策鼓励中西部集成企业发展。第二，机器人产业还缺乏拥有自主知识产权的芯片。机器人是高端制造行业，芯片对于机器人产业来说举足轻重，由于没有专门的机器人芯片，只能"将就"用了高通、英伟达等企业的非机器人专用芯片。对于机器人芯片的研发我国企业还需要决心和信心。第三，机器人算法及软件发展滞后，国产伺服系统中自带的软件库功能不如进口产品多，加上国外企业对高级功能的诸多限制，让一部分用户不得不购买进口机器人，这也导致进口机器人价格居高不下。

　　工业机器人系统集成的最终用户大致可以分为两类：汽车行业用户与一般工业产品用户。汽车行业属于资金与技术密集型的大型工业，其带动一系列零部件产业链，产品的标准性和稳定性尤为重要，整车厂和多数零部件厂都会优先选用适合自己的机器人集成商提供的自动化生产线，如图 1-1 所示。

图 1-1　汽车模拟生产线示意图

　　工业机器人系统集成在一般工业中的使用主要涉及食品、石化、金属加工、医药、3C、家电、烟草、包装等行业。一般行业系统集成的典型应用有焊接机器人、喷涂机器人、码垛机器人、搬运机器人、打磨机器人、装配机器人等工作站或生产线。

## 1.2 工业机器人仿真技术

工业机器人仿真技术是指通过计算机对实际的工业机器人系统进行模拟的技术。工业机器人仿真可以模拟单机或多台机器人组成的工作站或生产线的工作状态。通过工业机器人仿真技术，可以在制造单机与生产线之前模拟出实物的工作状态与运动轨迹，缩短设计、制造、安装调试工期，可以避免不必要的返工。

随着仿真技术的发展，仿真技术应用趋于多样化、全面化。最初仿真技术是作为对实际系统进行试验的辅助工具，而后又用于训练，现在仿真系统可应用于系统概念研究、系统的可行性研究、系统的分析与设计、系统开发、系统测试与评估、系统操作人员的培训、系统预测、系统的使用与维护等各个方面。仿真技术作为工业机器人技术的发展方向之一，在工业机器人应用领域中扮演着极其重要的角色，它的应用领域已经发展到军用以及与国民经济相关的各个重要领域。

目前，常见的工业机器人仿真软件有 RobotArt、RobotMaster、RobotWorks、RobotCAD、DELMIA、RobotStudio 等。目前市场上常用的工业机器人仿真软件有：安川机器人的 MotoSimEG-VRC、FANUC 机器人的 RoboGuide、KUKA 机器人的 KUKA. Sim、CATIA 公司的 DELMIA、西门子公司的 Siemens Tecnomatix 等。其中 RobotArt、DELMIA 是商业化离线编程仿真软件，支持多种品牌工业机器人离线编程操作，如 ABB、KUKA、FANUC、安川、Staubli、KEBA 系列、新时达、广数机器人等。国产软件有新松机器人、华数机器人、广数机器人、埃夫特机器人等公司开发的系列软件，这类国产软件一般只支持本公司的机器人硬件产品的离线仿真。

RobotStudio 仿真软件是 ABB 工业机器人的配套产品，其功能包含了各种常见 CAD 模型导入、自动路径生成、碰撞检测、在线作业、模拟仿真、行业应用功能包等，覆盖了工业机器人完整的生命周期。

本书重点介绍了如何使用 RobotStudio 来实现工业机器人工作站的创建、编程和仿真，还介绍了在线和离线编程有关的术语和概念。RobotStudio 提供了一些工具，可以让用户在不干扰生产的情况下执行培训、编程和优化等任务，从而提高工业机器人系统的盈利能力。RobotStudio 的使用可以降低风险、加快启动速度、缩短转换时间和提高生产力。

RobotStudio 是建立在 ABB virtual controller 之上的，它是一款在实际生产中操作工业机器人的虚拟软件。使用该软件可以模拟车间中使用的真实机器人程序和配置文件，从而执行非常逼真的模拟。

RobotStudio 允许使用离线控制器，即在 PC 上本地运行的虚拟 IRC5 控制器。这种离线控制器也被称为虚拟控制器。RobotStudio 还允许使用真实的物理 IRC5 控制器（简称真实控制器）。当 RobotStudio 随真实控制器一起使用时，我们称它处于在线模式。当在未连接到真实控制器或在连接到虚拟控制器的情况下使用时，我们称 RobotStudio 处于离线模式。RobotStudio 提供以下安装选项：完整安装、自定义安装（允许用户自定义安装路径并选择安装内容）、最小化安装（仅允许用户以在线模式运行 RobotStudio）。其界面如图 1-2 所示。

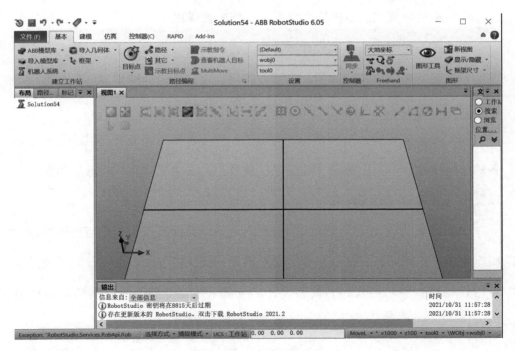

图 1-2　RobotStudio 软件窗口

## 1.3 典型机器人工作站

机器人工作站是指以一台或多台工业机器人为主，配以相应的周边设备，如变位机、输送机、工装夹具等，或借助人工的辅助操作一起完成相对独立的一种作业或工序的设备组合。各种类型的机器人工作站的设计流程大致如下：

（1）整体方案设计　整体方案设计包括对产品进行需求分析、工艺分析，工业机器人初步选型，制作设计流程图，设计动力系统，配套设备（辅助设备及安全设备）选型，并完成初步报价。

（2）布局设计　布局设计包括工业机器人选用，确定配套设备的位置，人机交互系统配置，规划被加工件的物流路线，电、液、气系统走线，确定操作箱、电气柜的位置以及维护修理和安全设施配置等内容。

（3）配套设备的选用和设计　此项工作的任务是为配合工业机器人工作的其他设备进行详细设计和选型，包括非标设备的设计、标准件的选用、询价、土建安装设计、电气系统设计等，此项任务工作量大。

（4）安全装置的选用和设计　此项工作主要包括为保证安全生产所必需设备的选用和设计，安全装置（如围栏、安全门、安全光栅等）的选用和设计，以及现有设备的改造等内容。

（5）控制系统设计　此项设计包括选定系统的标准控制类型与追加性能，确定系统工作顺序与方法及互锁等安全设计，液压、气动、电气、电子设备及备用设备的试验，电气控制线路设计，机器人线路及整个系统线路的设计等内容。

（6）支持系统设计　此项工作为设计支持系统，该系统应包括故障诊断与修复方法、停机时的对策与准备、备用机器的筹备以及意外情况下的救急措施等内容。

（7）工程施工设计　此项设计包括编写工作系统的说明书、机器人详细性能和规格的说明书、接收检查文本、标准件说明书、绘制工程制图、编写图样清单等内容。

下面主要从机床上下料工作站、焊接工作站、冲压工作站、视觉搬运工作站四种典型的机器人工作站案例进行初步分析，并在第 2 章以焊接工作站为案例详细剖析其设计与仿真的过程。

## 1.3.1　机床上下料工作站

上下料机器人能满足快速 / 大批量加工节拍、节省人力成本、提高生产效率等要求，成为越来越多工厂的理想选择。上下料机器人系统具有高效率和高稳定性，结构简单，更易于维护，可以满足不同种类产品的生产需求。对用户来说，可以很快地进行产品结构调整和扩大产能，并且可以大大降低工人的劳动强度。用于机床上下料的工业机器人的特点有：可以实现对圆盘类、长轴类、不规则形状、金属板类等工件的自动上料 / 下料、工件翻转、工件转序等工作；不依靠机床的控制器进行控制，机械手采用独立的控制模块，不影响机床运转；独立料仓设计，料仓可独立自动控制。机床上下料工作站常用的工业机器人有：四轴或六轴关节机器人、直角坐标机器人、SCARA、Delta 机器人。

典型机床上下料工作站的组成主要有：人机交互装置、上料机、下料机、机器人本体、机器人控制柜、机器人行走机构、机器人夹具、中转平台、检测平台、保护罩等。其布局如图 1-3 所示。

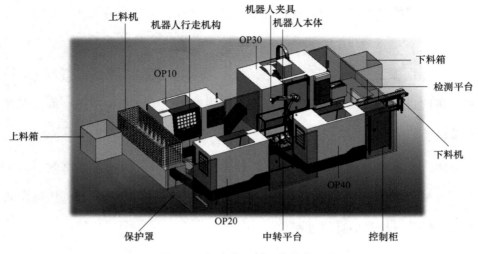

图 1-3　机床上下料工作站布局图

　　该工作站的功能主要是，通过一台安装在行走机构上的六轴机器人完成四台机床的上下料工序，工作流程如图 1-4 所示。上料机为机器人上料，由工作站中的机器人取料后依次为各机床上料，待加工流程结束后，机器人下料放入检测平台，根据检测结果将工件分为 NG（未通过）与 OK（通过）两类。

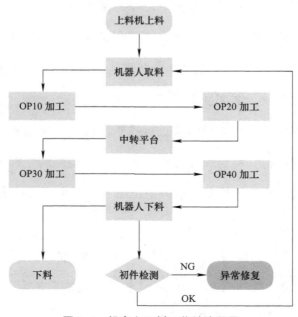

图 1-4　机床上下料工作站流程图

## 1.3.2　焊接工作站

焊接机器人是进行焊接（包括切割与喷涂）的工业机器人。为了适应不同的用途，工业机器人最后一个轴的机械接口通常是一个连接法兰，可接装不同工具（或称末端执行器）。焊接机器人就是在工业机器人的末轴法兰装接焊钳或焊（割）枪，使之能进行焊接、切割或热喷涂等工作。焊接机器人的作用主要有：稳定和提高焊接质量，能将焊接质量以数值的形式反映出来；提高劳动生产率；减轻工人劳动强度，可在有害环境中工作；降低了对工人操作技术的要求；缩短了产品改型换代的准备周期，减少相应的设备投资。

典型焊接工作站的组成主要有：人机交互装置、变位机、上下料装置、机器人上料夹具、焊接机器人、主控制柜、焊机、焊接机器人控制柜、烟尘净化装置、送丝机构、清枪剪丝机构、遮光幕、安全护栏等。其布局如图 1-5 所示。

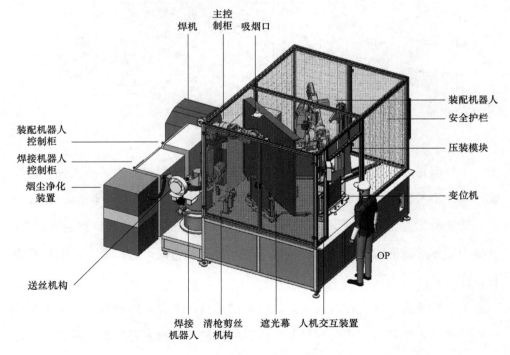

图 1-5　焊接工作站布局图

### 1.3.3　冲压工作站

冲压机器人主要是指冲床用工业机器人，可完成卸料、运输、堆垛等任务，并可以在无人参与的情况下长时间工作，实现装备的自动化。

典型冲压工作站的组成主要有：底座、冲床、六轴机器人、控制柜、清洗机、下料装置、夹具库、废料箱、人机交互装置等。其布局如图1-6所示。

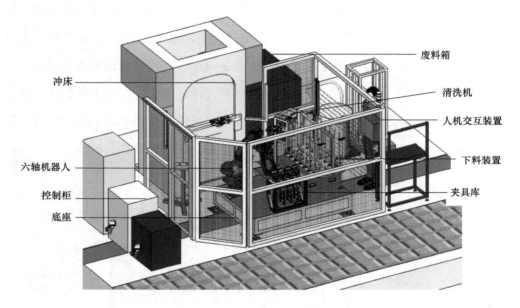

图1-6　冲压工作站布局图

下料装置为双工位旋转台，分别为人工下料工位和机器人下料工位，可连续进料。下料旋转台上安装下料工装托盘，当产品换型时托盘可快换。

清洗机配置无声气枪，通过气枪中喷出的高压空气对产品的铝屑进行清洗，并集中收集过滤回收。在清洗机两侧安装有检测传感器，对机器人抓取异常进行检测。

工业机器人手部设计快换夹具，每个产品设计一套专用夹具，存放于夹具库内。机器人夹具将完成毛坯料及完成料的抓放，机器人可自动更换夹具以适应不同型号的工件。

### 1.3.4　视觉搬运工作站

视觉搬运工作站包含工业机器人、视觉系统，以及配套的控制设备及安全措施。通过在机器人本体或独立支架上加装视觉采集装置、图像处理与识别单元、结果显示单元以及视觉系统控制单元，来模拟人的视觉功能，实现对目标对象的识别、判断与测量，能够帮助机器人进行视觉采集、转换与处理图像。机器人的动作路径可以根据图像的处理结果做出选择。

典型的视觉搬运工作站可完成双夹具取放、单工位上料，两个机械手各完成 4 台测试机（共 8 个测试工位）的上下料动作。其主要工作流程为：不同规格的 PCB 从上料输送带上料后，由翻转结构完成上下 180°翻转放至输送带上，经 CCD 拍照定位后，机械手取料并旋转至测试设备，先将已完成测试的产品取出，再将未测试的产品放至测试设备进行检测，然后机械手根据检测结果将已检测的产品放至对应的出料输送线上，由输送线送出。其布局如图 1-7 所示。

图 1-7　视觉搬运工作站布局图

## 1.4 虚拟仿真技术与 VR 技术

虚拟仿真技术（或称为模拟技术），是用一个虚拟系统模仿另一个真实系统的技术。虚拟仿真实际上是一种可创建和体验虚拟世界的计算机系统。这种虚拟世界由计算机生成，可以是现实世界的再现，也可以是构想中的世界，用户可借助视觉、听觉及触觉等多种传感通道与虚拟世界进行自然的交互。它是以仿真的方式给用户创造一个实时反映实体对象变化与相互作用的三维虚拟世界，并通过头盔显示器、数据手套等辅助传感设备，为用户提供一个与该虚拟世界交互的三维界面，使用户可直接参与并探索仿真对象在所处环境中的作用与变化，产生沉浸感。

如今虚拟仿真已经发展成一门涉及计算机图形学、精密传感技术、人机接口及实时图像处理等领域的综合性学科。虚拟仿真技术分虚拟实景技术与虚拟虚景技术两大类。虚拟现实技术的应用领域和交叉领域非常广泛，几乎到了无所不包、无孔不入的地步，在虚拟现实技术战场环境，虚拟现实作战指挥模拟，飞机、船舶、车辆虚拟现实驾驶训练，飞机、导弹、轮船与轿车的虚拟制造，虚拟现实建筑物的展示与参观，虚拟现实手术培训，虚拟现实游戏，虚拟现实影视艺术等方面都有强烈的市场需求和技术驱动。

## 1.5 视觉检测技术

视觉检测就是用机器代替人眼来做测量和判断。视觉检测是指通过机器视觉产品（即图像摄取装置，分 CMOS 和 CCD 两种）将被摄取目标转换成图像信号，传送给专用的图像处理系统，根据像素分布和亮度、颜色等信息，转变成数字信号；图像系统对这些信号进行各种运算来抽取目标的特征，进而根据判别的结果来控制现场的设备动作。视觉检测技术在缺陷检测方面具有不可估量的价值。它是综合运用了电子学、光电探测、图像处理和计算机技术，将机器视觉引入到工业检测中，实现对物体三维尺寸或位置快速测量的技术。视觉检测技术是精密测试技术领域内最具有发展潜力的新技术，具有非接触、速度快、柔性好等突出优点，在现代制造业中有着重要的应用前景。视觉检测涉及拍摄物体的图像，对其进行检测并转化为数据供系统处理和分析，确保产品符合制造商的质量标准，不符合质量标准的对象会被跟踪和剔除。

# 第 2 章

## 焊接工作站虚拟仿真

**学习目标**

1. 了解焊接工作站的相关理论背景。
2. 掌握焊接工作站的三维布局设计。
3. 掌握焊接工作站的仿真设计过程。
4. 掌握焊接工作站仿真的 Smart 组件设置和信号设置。

本章所述内容主要来源于武汉商学院与武汉天工自动化有限公司合作的冷凝器焊接机器人工作站研发课题，采用双机器人工作站对冷凝器进行压头、焊接。冷凝器为制冷系统的机件，属于换热器的一种，能把气体或蒸气转变成液体，将管道中的热量快速传导到附近的空气中。本章的主要内容是针对冷凝器的来料组焊加工需求，在焊接机器人工作站的基础上设计了一种双机器人双工位的焊接工作站，并将该工作站导入 ABB 公司开发的 RobotStudio 仿真软件进行离线仿真。

## 2.1 相关理论基础

### 2.1.1 国内外焊接工作站发展历程

焊接机器人在欧、美、日、韩应用十分普遍，涉及汽车、3C、智能制造、航天领域等各个行业，已成为现代工业生产最为重要的装备，直接代表着这些国家发达的工业化水平。当前，世界上知名的焊接机器人生产商主要来自日本、德国、瑞士，占有市场份额大的有 ABB、FANUC、KUKA、安川等。

国外焊接工作站发展较早，于 20 世纪 80 年代已经开始向大型化、集成化、柔性化以及精密化等方向发展，并有大量学者对其进行了研究。从目前来看，美国、日本、德国及意大利等发达国家的焊接工作站发展十分迅猛，大部分的焊接工作站均运用了智能控制和网络控制等先进技术，使产品的焊接质量、焊接效率及焊接精度等均获得了很大程度的提高。

国内焊接工作站在研究和应用方面起步相对较晚，约 20 世纪 60 年代，国内的焊接工作站才开始起步，设计的焊接工作站大部分是一些较为简单的变位机和回转平台等小型设备，大型焊接工作站只能从国外引进。经过这些年的不断研究，国内焊接工作站的技术水平也取得了较大的进步，在焊接工作站的自动化程度和设备精度等方面收效明显。

## 2.1.2　国内外虚拟仿真软件发展历程

目前全球市场上常用的工业机器人仿真软件主要有以下几款：安川机器人的 MotoSimEG-VRC、FANUC 机器人的 RoboGuide、KUKA 机器人的 KUKA.Sim、CATIA 公司的 DELMIA。

MotoSimEG-VRC 是对安川机器人进行离线编程和实时 3D 模拟的工具。它作为一款强大的离线编程软件，能够在三维环境中实现安川机器人的绝大部分功能。RoboGuide 是 FANUC 自带的一款支持机器人系统布局设计和动作模拟仿真的软件，可以进行系统方案的布局设计，机器人干涉性、可达性分析和系统的节拍估算，还能够自动生成机器人的离线程序，进行机器人故障的诊断和程序的优化等。KUKA.Sim 是 KUKA 公司用于高效离线编程的智能模拟软件。使用 KUKA.Sim 可轻松快速优化设备和机器人生产，以确保更大灵活性、提高生产力以及竞争力。KUKA.Sim 具备直观操作方式以及多种功能和模块，操作快速、简单、高效。DELMIA 是一款数字化企业的互动制造应用软件。DELMIA 向随需应变和准时生产的制造流程提供完整的数字解决方案，可使制造厂商缩短产品上市时间，同时降低生产成本、促进创新。

### 2.1.3　机器人的运动学分析

正运动学是指在给定机械臂相邻连杆相对位置的情况下，确定机器人末端执行器的位姿。正运动学对机械臂的轨迹规划具有重要意义。为了便于机器人的轨迹规划，将机器人坐标统一到基坐标系 $Oa$ 下。其参数如图 2-1 所示。各关节末端姿态可见变换式（2-1）。

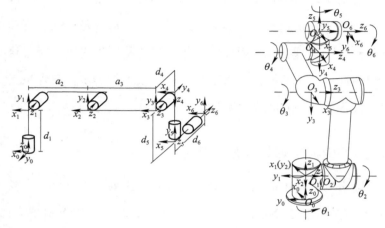

图 2-1　机械臂各连杆坐标图

$$ {}^0_6T(\theta) = {}^0_1T(\theta_1)\,{}^1_2T(\theta_2)\,{}^2_3T(\theta_3)\,{}^3_4T(\theta_4)\,{}^4_5T(\theta_5)\,{}^5_6T(\theta_6) \qquad (2\text{-}1) $$

## 2.2　焊接工作站布局设计

### 2.2.1　总体布局

目前市面上适合连续作业的精密焊接机器人极限臂展不超过 2.4m，冷凝器的尺寸为 500mm×400mm×20mm，尺寸较小，常规的焊接机器人能够满足其焊接范围需求，但焊接前需要将冷凝器的堵头压装、涂胶再进行焊接。为了实现全流程的自动化操作，在该工作站中配置一台装配机器人。同时，为了缩短工时，在工作站中设置转盘机构与自动压装模块，使得装配与焊接工艺自动衔接。因此机械设计需要满足如下条件：

1）保证焊接机器人、装配机器人、转盘装置的布置合理，工作时两台机器人不发生干涉，机器人安装方式应当便于充分利用机器人的最佳运动范围。

2）避免焊接机器人与装配机器人因长期工作于极限位置导致的精密零部件快速磨损和寿命衰减。

3）焊接运动过程应当符合机器人运动学原理，同时应满足焊接的最佳角度和最佳位置，以达到最佳焊接效果。焊接工件应当固定合理，减小焊接过程厚板形变和各部件晃动对焊接带来的影响。

焊接工作站的主要机构如图 2-2 所示。

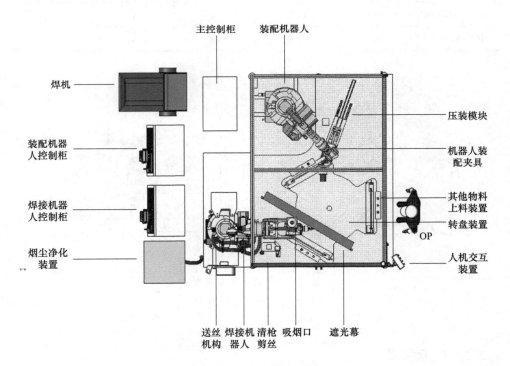

图 2-2　焊接工作站俯视图

此外，弧焊机器人和装配机器人的选型也需要考虑以下几点：

（1）多轴联动　关节之间能够多轴联动，实现复杂轨迹。

（2）信号拓展　具备网络化控制系统，具有丰富的外部接口及扩展能力，满足信号外接拓展功能。

（3）外接应用　能够搭载或连接其他传感器、工业相机等智能外设。

（4）动作精准　具备尖端的伺服技术，重复定位精度高，能够进行高精度作业。

结合上述因素，选取市面上口碑较好、性价比较高的 ABB IRB 2600 作为装配机器人，IRB 1600 作为焊接机器人，两者都是六轴机器人。表 2-1 为两款机器人的参数表。两款机器人的工作范围如图 2-3 所示。

表 2-1　机器人参数表

| 机器人型号 | 工作范围 | 有效载荷 | 关节荷重 | 手臂荷重 | 底座荷重 |
| --- | --- | --- | --- | --- | --- |
| IRB 2600-12/1.65 | 1.65 m | 12 kg | 1 kg | 15 kg | 35 kg |
| IRB 1600-10/1.2 | 1.2m | 10kg | 1 kg | 12kg | 25 kg |

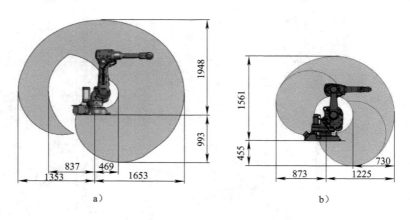

图 2-3　机器人工作范围

a）IRB 2600　b）IRB 1600

## 2.2.2　转盘装置

转盘装置的功能主要是满足工件装配和焊接中不同工位的转换。转盘装置分为三个工位，分别是人工上下料工位、自动装配工位、焊接工位。各工位之间的传动依靠一个步进电机和一个凸轮分割器模组配合，能保证转盘的转动精度在 0.5° 以内。其结构如图 2-4 所示。

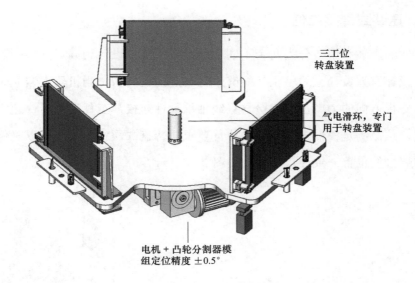

图 2-4　转盘装置结构图

　　在每个工位都配有本体夹持机构，主要是支架上装有两个旋转夹紧气缸，沿工件竖直方向呈上下布置。人工上料后，按下夹紧气缸按钮，气缸旋转后夹紧，工件的另一端用靠模定位。其结构如图 2-5 所示。

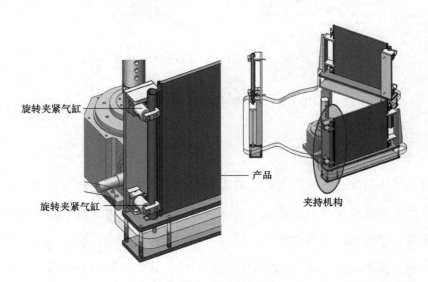

图 2-5　本体夹持机构

### 2.2.3　压装或焊接工位

工件的压装和焊接分为两个不同工位，但两工位设计相同。其中两工位托盘下方设计有弹簧和直线轴承，能够承受一定的径向力，当机器人装配时对工件施加竖直方向的力。由于弹簧与直线轴承柔性连接，工件受压后快速恢复初始位置，从而满足机器人焊接时的位置要求，转盘二次定位时也可以确保工件装配和焊接的位置一致性。其结构如图 2-6 所示。

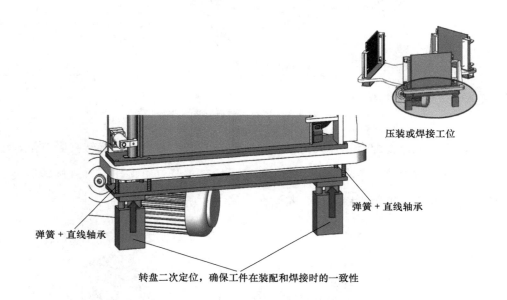

图 2-6　压装与焊接工位局部示意图

### 2.2.4　配件上料模组

对工件冷凝器进行装配之前，首先需要将配件摆放到托盘内的固定位置，装配机器人才能将配件依次抓取安装到冷凝器的安装位置，因此需要设计配件上料模组。该模组随着转盘转动，但与工位之间位置固定，模组内有三个放置孔，分别放置干燥包、堵盖、分子筛三种配件。其结构如图 2-7 所示。

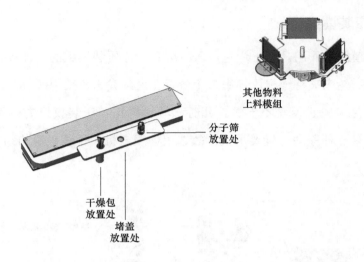

其他物料
上料模组

分子筛
放置处

干燥包
放置处

堵盖
放置处

图 2-7　配件上料模组

　　机器人抓料机构实为装配机器人末端法兰盘安装的夹具，该抓料机构采用等边三角形盘形机构，三角盘的三个角分别安装两个夹爪机构和一个真空吸盘，分别用螺钉固定。两个夹爪机构由小型气缸和夹爪组成，分别用以抓取干燥包和分子筛，而真空吸盘用以吸住堵盖顶端。该机构的三角盘中心处设计为与机器人末端法兰盘相同的结构，可以采用气动快换接头与机器人末端法兰盘进行连接。上料模组随转盘转动，机器人可以直接抓取上料。其结构如图 2-8 所示。

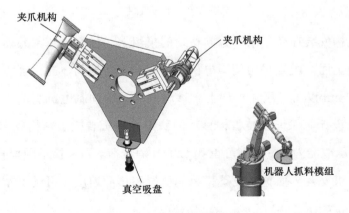

夹爪机构

夹爪机构

真空吸盘

机器人抓料模组

图 2-8　机器人抓料机构

## 2.2.5 压装模组

压装模组的作用是将干燥包压入冷凝管中。压装模组的主体机构为一个电机驱动夹送轮来夹持一根压杆进入冷凝管孔内，夹送轮采用两排共六个辊轮设置，保证夹送轮正反转不卡顿。此时，转盘机构与压装模组的位置对应精度要求高，且压杆移动速度要求快，故选用伺服电机。压装模组的结构如图 2-9 所示。

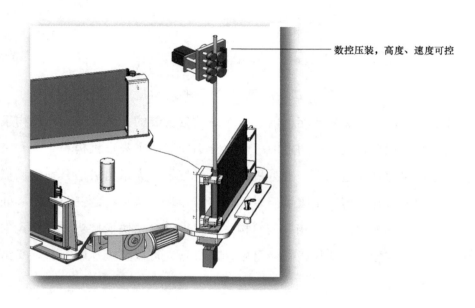

数控压装，高度、速度可控

图 2-9　压装模组

压装机构安装在一个水平方向移动的模组上，模组支座用螺栓固定在工作站的工作台上面。模组采用伺服电机驱动，全闭环控制，能保证水平方向移动精度在 0.02mm 以内，压装机构上下移动同样采用伺服电机驱动。模组内采用两组双导轨设计，保证压装机构移动的稳定性。压装模组结构采用 Q235 钢板焊接成形，承载能力强，最高可承载 1200N 静载荷。当更换不同型号的工件时，只需要在人机交互界面重新设置模组的位置和移动速度即可满足新产品的工艺要求。其结构如图 2-10 所示。

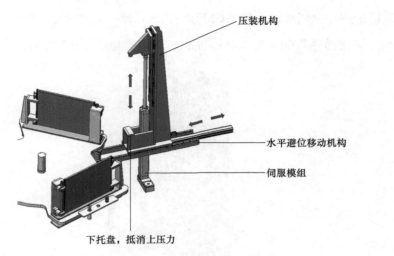

压装机构

水平避位移动机构

伺服模组

下托盘，抵消上压力

图 2-10　压装模组工作示意图

## 2.2.6　其他配件

工作站设置三色灯来显示工作状态，另外设有作业指导书架等配件，通过支架安装在框架一侧。此外工作站配有遮光安全围栏及光栅门。其结构如图 2-11 所示。

三色灯

作业指导书架

图 2-11　配件安装图

焊机采用冷金属过渡焊接（CMT）先进工艺，工艺稳定性好，其熔透率高达 60%，焊接的热量输入可以精确控制。其结构如图 2-12 所示。

图 2-12　焊机图

清枪剪丝模组采用德国 TBI 清枪剪丝系统，保证机器人焊枪清洁度。TBI 清枪器的喷油装置采用了双喷嘴交叉喷射，使得硅油更好地到达焊枪喷嘴的内表面，确保焊渣与喷嘴不发生粘连，机器人一个动作就可以完成喷油和清枪的过程。剪丝装置可以单独安装，也可以安装在 TBI 清枪喷油装置上形成一体化设备，在节约安装空间的同时也使得气路的布置和控制更简单。焊枪配置有吸烟口，安装在焊接处上方，保证作业环境无粉尘，避免发生安全事故。清枪器及清枪效果如图 2-13 所示。

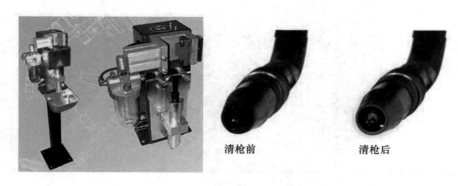

清枪前　　　　　　　　清枪后

图 2-13　清枪器及清枪效果图

焊接工艺参数中对焊接电流与电压的调节如图 2-14 所示。

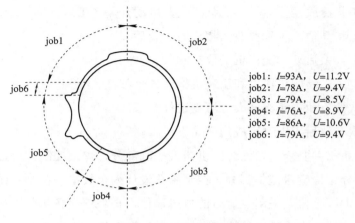

job1：$I$=93A，$U$=11.2V
job2：$I$=78A，$U$=9.4V
job3：$I$=79A，$U$=8.5V
job4：$I$=76A，$U$=8.9V
job5：$I$=86A，$U$=10.6V
job6：$I$=79A，$U$=9.4V

图 2-14　焊接参数设置

## 2.2.7　工作流程与控制要求

焊接工作站的主要工作流程（见图 2-15）如下：

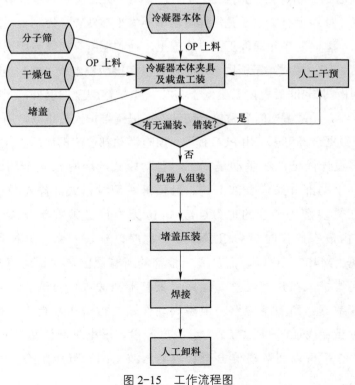

图 2-15　工作流程图

# 工业机器人典型工作站虚拟仿真详解

1）人工将冷凝器主体放入载盘工装，触动开关，工装夹持冷凝器主体；

2）人工将其他三种物料放入相应的工装后；

3）人工双手启动，变位机变位；

4）变位后，装配机器人和压装机构将各个部件装配到一起；

5）再次变位后焊接机器人对堵盖进行焊接；

6）再次变位后人工对完成的产品下料。

本控制系统主要分为四部分：机器人控制部分、焊接控制部分、变位机及夹具控制部分、传感器控制部分。控制系统设计为全数字化控制系统，方便操作，易于维护。机器人采用点对点的方式通信，与外部设备协同工作。系统监控机器人工作站的传感器信号等状况，实现异常报警并停机。

控制柜、机器人、各模块之间的连接电缆全部使用航空接头，可以快速插拔。控制柜外侧面标有设备名称、电气容量、出厂时间、设备编号、设备厂家等信息。控制柜安装有电源总开关，内部安装有照明灯，柜门打开时灯亮，关闭后灯灭，最下端亮度达到 200lx。照明灯必须有保护罩，以防止误碰导致灯破损。控制柜内部有插座，插座上有 2 位 5 孔，插座功率不大于 2.5kW。控制柜内所有元器件附近都有标示牌，贴在元器件正上方线槽上，控制柜所有接线点距离线槽必须在 50 ~ 70mm 之间。接线端子板同一端子位置最多接两根电线。控制柜配有空调，在关闭控制柜门 5min 后柜内温度低于 38℃。电机铭牌全部朝外，无任何遮挡，方便以后查看。系统漏电时要暂停一切动作，提醒维护人员维修。用电量、气压数据、液压数据全部可以使用 PLC 提取，所有活动部位全部使用柔性电缆连接。

触摸屏设计简洁。在手动模式下，自动模式的所有按钮全部消失；在自动模式下，手动部分操作全部消失。触摸屏有两种模式：操作员模式、工程师模式。在需要密码登录的地方连续 5min 无操作必须重新登录一次。触摸屏在 2min 内没有操作时会启用屏幕保护程序以延长寿命。触摸屏所有报警均不会出现"M402"字样，而是显示报警的所有原因，并针对每条原因指导员工和设备维护人员进行维护。触摸屏报警不会被操作员清除，系统停电不会影响报警数据。所有感应器、电磁阀动作、电机动作都会有自检功能。触摸屏主页可显示周期时间（CT）、已生产产量、每小时产量及当前产品型号。所有 I/O 状态都可以在触摸屏上查看，电压波动图和气压状态图也可以在触摸屏上显示。

机器人有受力保护功能。当机器人意外碰到其他设备，接触力达到一定程度时，机器人自动停止运动，起到保护设备的作用。为机器人设置工作区域后，机器人只能在安全工作范围内工作，从而避免误操作引起碰撞。各种检测开关和传感器可检测系统异常，实现自动报警、停机。

## 2.3　仿真布局

### 2.3.1　模型导入

在完成焊接工作站的三维设计后，为验证设计的合理性，采用 RobotStudio 软件对设计进行离线仿真，从而进一步优化整体工作站的三维设计。首先，打开 RobotStudio 6.08，新建工作站，导入几何体，加载所有组件。其操作如图 2-16 所示。导入模型后其总体布局如图 2-17 所示。

为设置机器人工具的过程中操作更方便，需要对工作站外壳进行隐藏，用鼠标在布局中选中外壳模型，单击右键，取消勾选"可见"，其操作如图 2-18 所示。

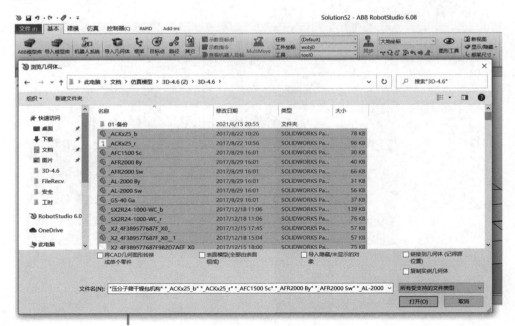

图 2-16　导入几何体

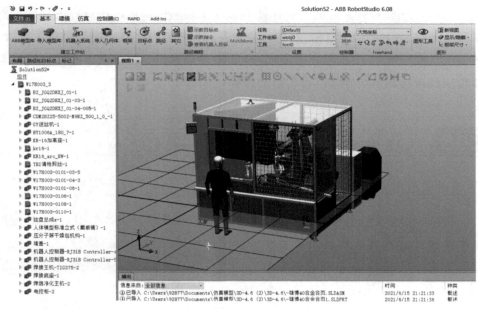

图 2-17　总体效果图

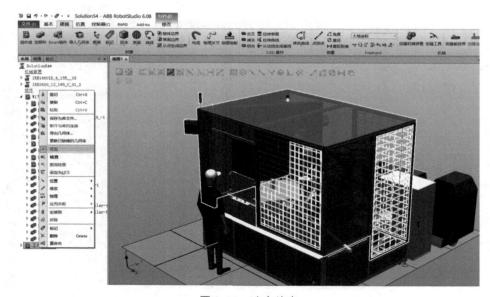

图 2-18　选中外壳

## 2.3.2　创建工具

两台机器人法兰盘末端安装的工具分别为焊枪和装配夹具。以 IRB 1600 机器人为例，为其焊枪的模型创建工具。第一步，修改焊枪模型的本地原点，将模型的坐标中心移动到大地坐标远点，在焊枪顶部创建框架；第二步，单击"建模"选项卡中的"创建工具"按钮，模型选择焊枪、框架，创建 TCP；第三步，选中焊枪安装到机器人末端法兰盘，位置选择更新。其操作方法如图2-19～图2-22所示。

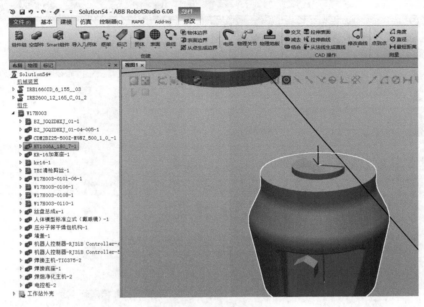

图 2-19　创建本地原点

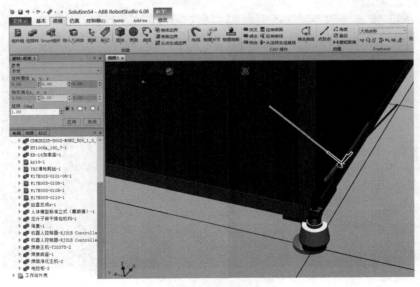

图 2-20　创建框架

图 2-21　创建工具

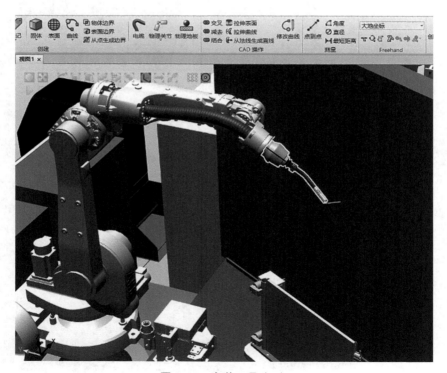

图 2-22　安装工具（1）

同理，为 IRB 2600 装配机器人创建工具，在创建过程中需要合并装配抓手工具的组件模型，合并完成后修改本地原点，创建框架，再创建工具，生成 TCP 坐标，完成工具设置。将该工具安装到 IRB 2600 机器人末端法兰盘上，同步工具位置后，完成工具的安装。其操作方法如图 2-23 所示。

图 2-23　安装工具（2）

### 2.3.3　创建机械装置

为了仿真过程中涉及的机构能够配合机器人运动，使整个工作的离线仿真更加真实，需要将一些机构创建为机械装置，这样就可以通过控制器的离线编程与机器人协同完成离线仿真。需要创建的相关机械装置有：冲压机装置、冲压机底部轨道装置、转盘（变位机）装置、压分子筛干燥包装置。

#### 1．冲压机装置

冲压机的主要作用是压制分子筛，其运动为冲块上下移动，底部沿滑道移动。首先选中冲压机装置，如图 2-24 所示。

图 2-24　冲压机装置

其次，在"建模"选项卡中单击"创建机械装置"按钮，编辑装置名称，设置链接和接点。

1）将垂直滑道设置为 L1，勾选"设置为 BaseLink"。

2）将冲压头移出部件设为 L2。

3）创建接点，分别选择垂直导轨的最上端和最下端作为第一、第二位置，设置操纵轴的最大、最小值。

4）编译机械装置，关节类型设置为"往复的"，最大移动位置与压杆长度一致。

5）创建组，将垂直导轨上所有滑块放到一起。

其操作过程如图 2-25 ～图 2-30 所示。

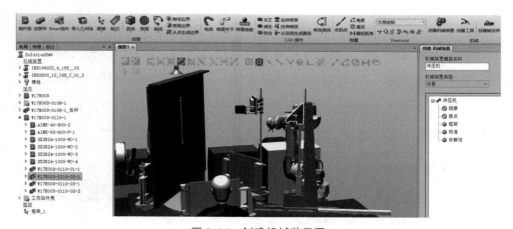

图 2-25　创建机械装置图

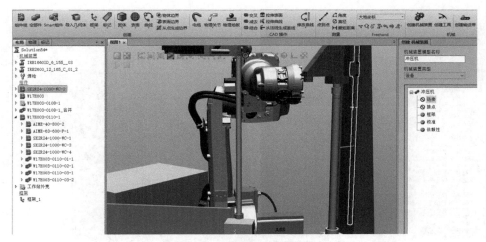

图 2-26　设置链接与接点（1）

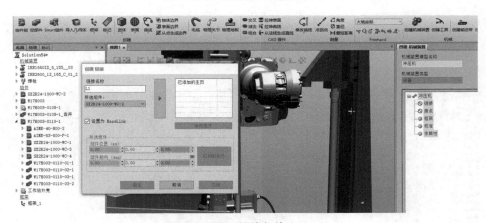

图 2-27　设置链接与接点（2）

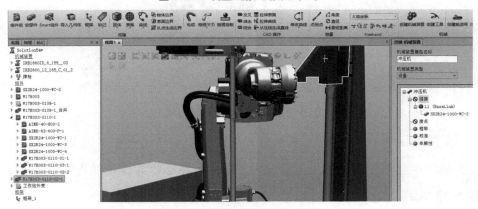

图 2-28　设置链接与接点（3）

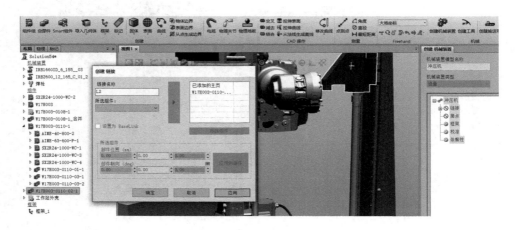

图 2-29　设置链接与接点（4）

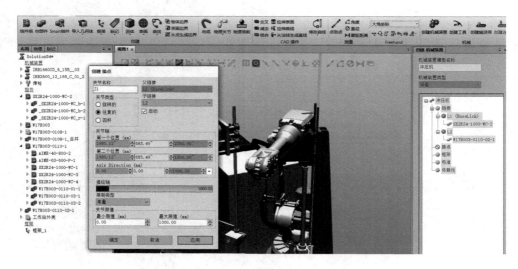

图 2-30　设置链接与接点（5）

　　安装滑块到 L2 上，在"更新位置"对话框中单击"否"。安装完成后，被安装物体会随安装物体一起运动，添加同步姿态。其操作过程如图 2-31 ～图 2-33 所示。

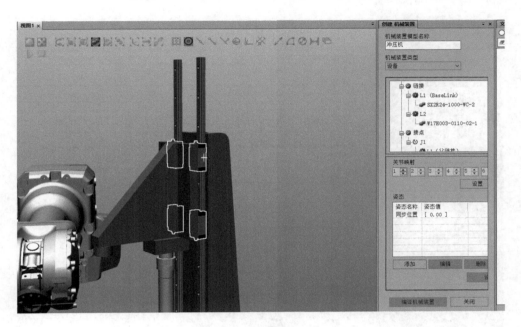

图 2-31　设置同步姿态

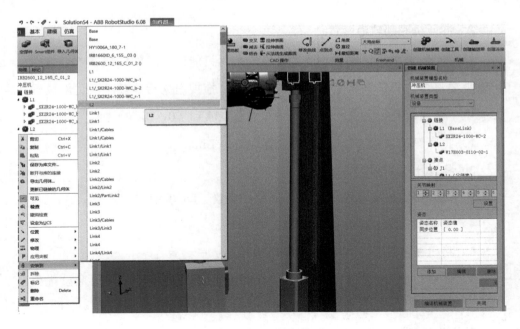

图 2-32　压杆安装

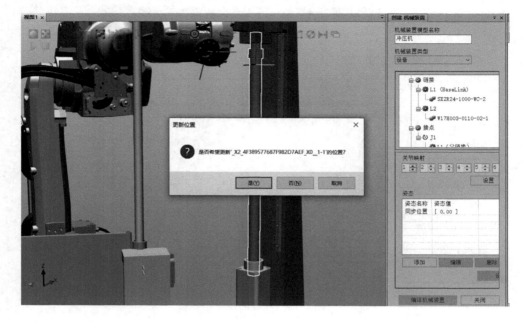

图 2-33　同步位置

## 2. 冲压机底部轨道装置

同理，创建冲压机底部轨道。设置连接时只能选择组部件或者单个部件，所以需要将要选择部件从组部件中拖拽出来，拖拽出来后尽量不要更新位置。如果更新位置，系统会自动将部件的本地原点放到（0，0，0）处。

1）将底座设置为 D1，勾选"设置为 BaseLink"。

2）将冲压机主体设置为 D2。

3）设置接点的运动类型为往复运动，设置运动初始位置坐标值。

4）创建底部滑块组，安装到 D2。

5）将机械冲压机、电机安装到 D2。

6）此时，整个冲压机机械装置设置完毕，后期需根据工作情况设置相应姿态。

其操作过程如图 2-34 ～图 2-38 所示。

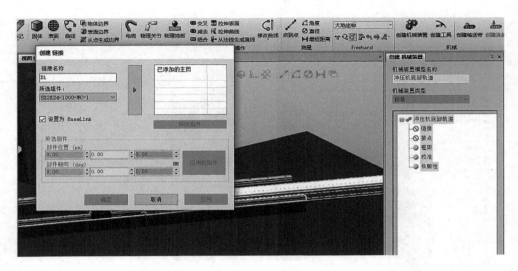

图 2-34　D1 设置

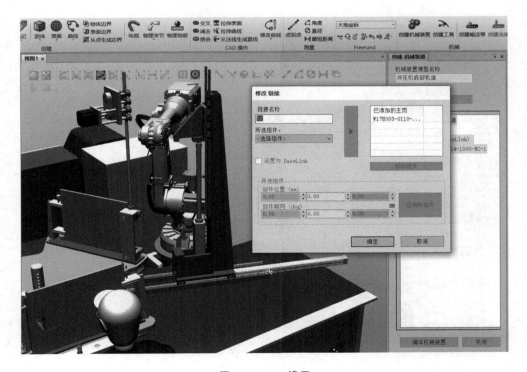

图 2-35　D2 设置

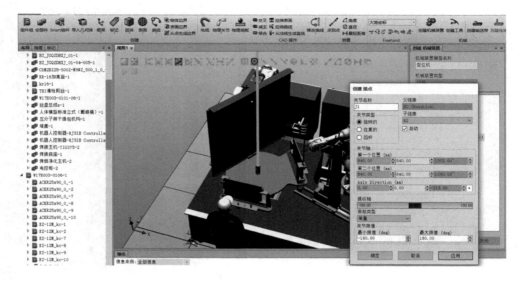

图 2-36　接点设置

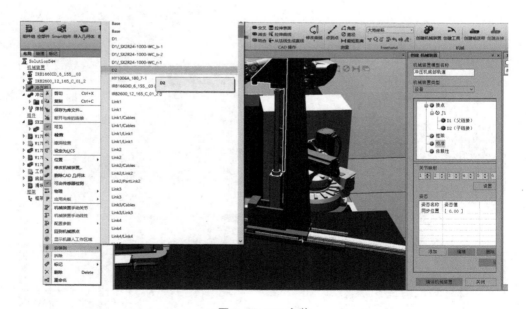

图 2-37　D2 安装

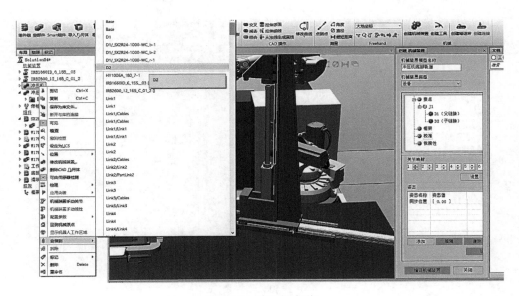

图 2-38　冲压机安装

设置冲压机运动姿态：在布局中选择冲压机修改机械装置，添加姿态 1 与原点位置后，为同步姿态，原点姿态，姿态 1 设置转换时间，时间可以初定为 3s，后根据仿真效果调整。其操作过程如图 2-39～图 2-41 所示。

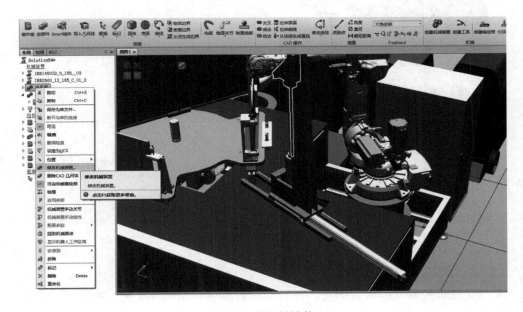

图 2-39　编辑机械装置

图 2-40　添加姿态

图 2-41　设置转换时间

## 3. 变位机装置

变位机装置又叫转盘装置,在仿真中需要旋转到相应工位,配合两台机器人工作,因此需要创建为机械装置,方便在控制器中添加逻辑指令,才能通过编辑程序加以控制。

1）从原组部件中选中变位机底部电机，创建为 B1，将底部电机组件设置为 BaseLink（区别 L1 与 D1）。

2）将整个上部组件设为 B2。

3）设置旋转接点，旋转轴设为圆盘中心轴，最后编译机械装置，完成变位机机械设置。

其操作过程如图 2-42 ～图 2-45 所示。

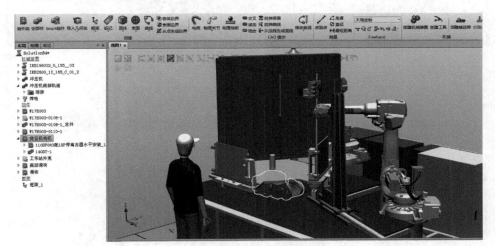

图 2-42　选中电机

图 2-43　创建机械装置（1）

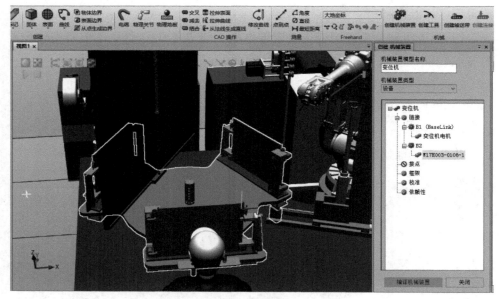

图 2-44　创建机械装置（2）

图 2-45　设置接点

## 4. 压分子筛干燥包装置

压分子筛干燥包装置的主要作用是对装配过程中的分子筛进行压制。

1）将压分子筛干燥包装置从原组件中分离出来，设置链接，机械本体设置为 BaseLink，名称设置为 Y1。

2）压杆名称设置为 Y2。

3）创建接点，运动方式设置为往复，编辑机械装置。

4）设置姿态与运动转换时间。

其操作过程如图 2-46 ～图 2-48 所示。

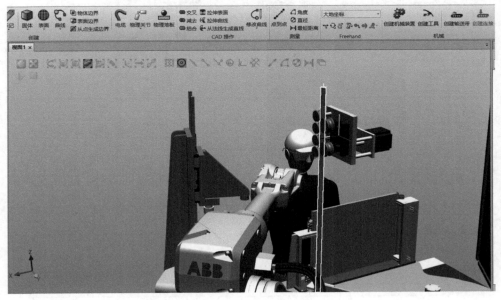

图 2-46　选中压杆

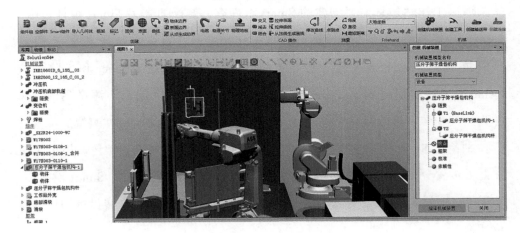

图 2-47　机械装置设置

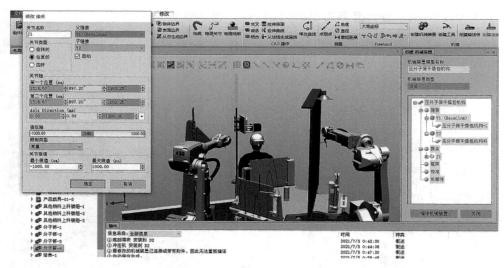

图 2-48　接点设置

至此，整个工作站的布局基本完成，从布局创建机器人系统，此时应注意双机器人的控制系统创建。下一步，需要为各机械装置创建各自的 Smart 组件，并编辑组件内部子组件的属性和逻辑关系。

## 2.4 Smart 组件设置

焊接工作站仿真需要创建的 Smart 组件有：装配机器人 Smart 组件（IRB 2600）、焊接机器人 Smart 组件（IRB 1600ID）。首先，装配机器人吸盘夹具能够将产品主体吸起、放下（主要使用安装模块 Attacher 和拆除模块 Detacher）；将线传感器（LineSensor）安装在吸盘处，用来检测产品信息，并为后续安装、拆除提供对象信息；使用 PoseMover 模块对机械装置的位置进行控制；用 Source 模块在产品本体左侧管口生成分子筛和干燥包，模拟工具在此处放置分子筛和干燥包的动画效果。然后，在焊接机器人的 Smart 设置中，使用 PoseMover 模块使变位机工件移动到相应姿态，从而配合转盘机的焊接工位切换。

## 2.4.1　装配机器人 Smart 组件设置

1）将装配机器人工具添加到 Smart 中，将工具属性设置为 role。

2）添加线传感器，将线传感器安装到工具上，调整位置，使其位于吸盘工具上。

3）添加 Attacher、Detacher 模块。

4）创建输入信号 check1、attach、detach。check1 用来控制 LineSensor 模块的 Active，Active 信号每次从 0 到 1 传感器会检测一次，保留检测结果直到下次检测到信号从 0 到 1。

5）将 LineSensor 检测的物体 SensePart 端连线接到 Attacher 和 Detacher 的 Child 端口，作为安装和拆除的子对象。

6）分别用 attach 信号和 detach 信号控制 Attacher 和 Detacher 的执行。

7）添加 Source 模块和 PoseMover 模块，用 Source 模块在记号处生成干燥包和分子筛的复制件，用来模拟装配机器人将干燥包和分子筛放到工位的效果，但生成后的复制件无法跟随产品主体一起运动，所以需要添加 Attach 模块将生成的分子筛和干燥包安装到产品主体上。

其操作过程如图 2-49 ～图 2-51 所示。

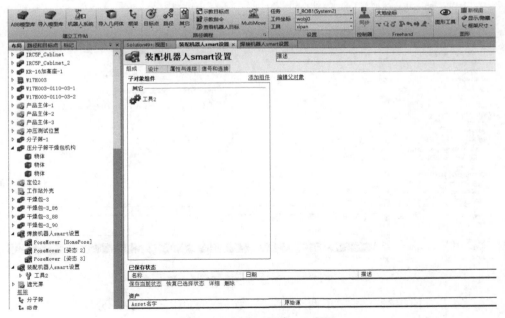

图 2-49　创建工具为 role 图

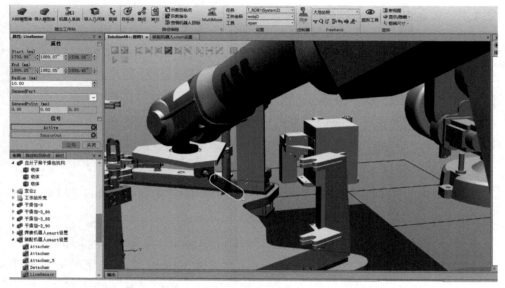

图 2-50　创建线性传感器（1）

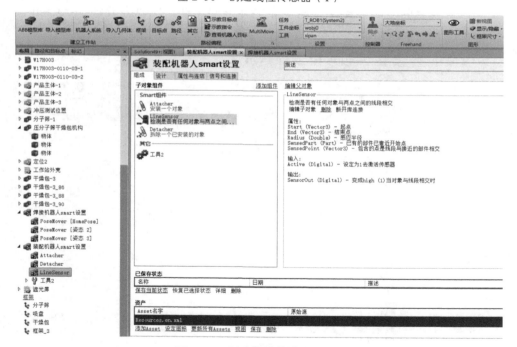

图 2-51　创建线性传感器（2）

为了方便控制，添加了两个输入信号 create1 和 create2，分别控制生成干燥包和生成分子筛。下面以生成分子筛为例，说明信号连接设计流程。连接如下：输入的 create2 信号与 Source 模块生成分子筛的 Execute 端相连接，以实现 create2 接收到信号系统即自动在 Source 指定地点生成分子筛模块的效果。后将 Source 模块生成分子筛的 Copy 端，即 Source 模块复制生成的物体与 Attacher 的 Child 端相连，将 LineSensor 的 SensedPart 端，即之前用线传感器检测的对象（产品主体）与 Attacher 模块的 Parent 端相连，作为父对象，从而达到将 Source 生成的对象安装到 LineSensor 检测到的对象上的效果。同时给 Attacher 模块的 Execute 端连接 create2 信号。

　　同理，可将 create1 信号控制生成的物体按此方法安装到产品本体上。在生成干燥包的 Source 模块中的物理特性选项选为"Dynamic"，生成的干燥包会自动掉到管道底部，不会停留在设定的生成位置。

　　Source 模块的设置方式为：添加两个 Source 模块，分别命名为"生成干燥包"与"生成分子筛"。修改分子筛与干燥包的本地原点：首先修改分子筛和干燥包的本地原点到模型下端的中心处，再将分子筛和干燥包移动到原点上，调整模型方向为垂直放置，最后修改本地原点到底端中心处，方向与大地坐标保持一致。设置修改完成后，因为生成属性中的"Position"选项的坐标位置为生成模型的本地原点坐标位置，所以必须先修改模型的本地原点，否则无法在想要的位置处生成模型。

　　操作过程如图 2-52 ～图 2-56 所示。

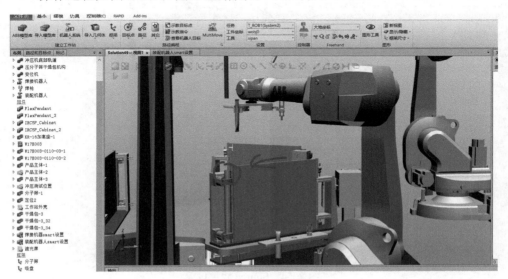

图 2-52　分子筛安装位置

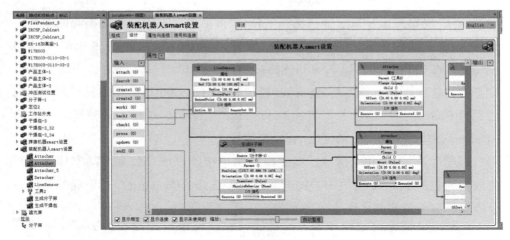

图 2-53　组件设置

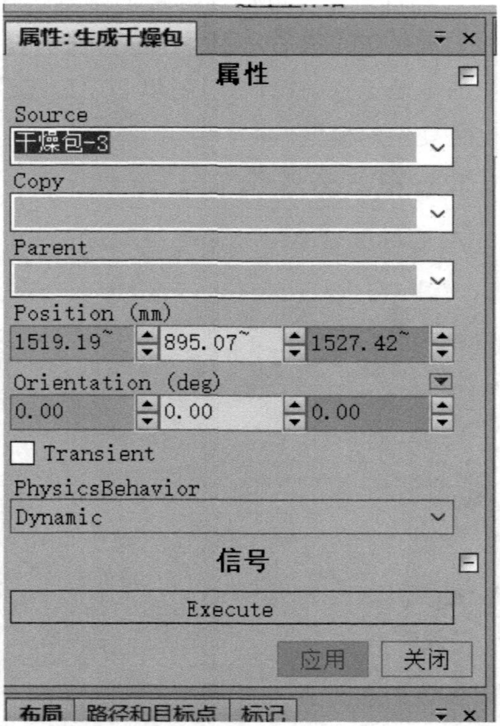

图 2-54　Source 组件设置

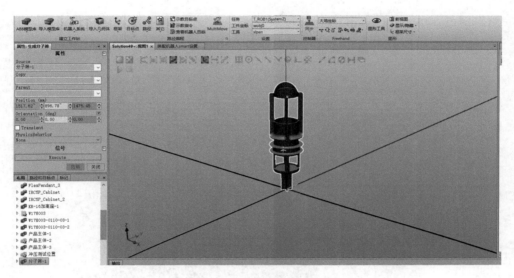

图 2-55　设置分子筛大地原点

图 2-56　设置干燥包的 Source 组件

分别在生成分子筛和生成干燥包的 Source 模块的属性中的第一行 Source 选项栏的下拉菜单中找到上一步设置好本地原点的模型，作为要复制的对象。设置复制对象位置，打开圆心捕捉，捕捉图 2-52 中的圆圈标记处上端圆柱形管道上表面圆心，单击"Position"，鼠标变为十字，选择上表面圆心，单击"应用"即可。单击"Execute"可生成复制部件，修改 Position 的坐标值可修改生成复制部件的位置，修改到合适位置即可。操作过程如图 2-57 所示。

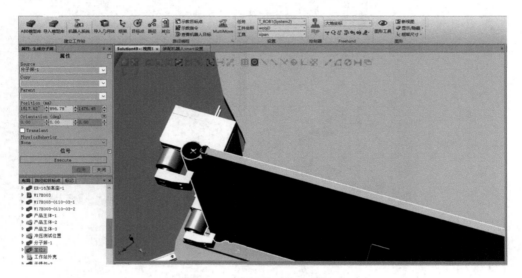

图 2-57　设置分子筛生成位置

## 2.4.2　各机械装置的 Smart 组件设置

需要控制的机械装置有冲压机、冲压机底部轨道、压分子筛干燥包机构和变位机。各个装置的运动顺序如下：

1）冲压机：原点位置→工作位置（压缩 1）→原点位置。

2）冲压机底部轨道：原点位置→工作位置。

3）压分子筛干燥包机构：原点位置→工作位置（press）。

4）变位机：原点位置→工作位置（姿态 1）→原点位置。

以冲压机为例，分别介绍各装置的 Smart 设置步骤：

1）创建冲压机机械装置的原点位置、工作位置，以及底部轨道的工作位置。

2）在冲压机上单击右键，在弹出的菜单中单击"修改机械装置"。

3）在弹出的视图中修改姿态名称，拖动滑块设置相应关节数值，在视图中可以看到机械设备的相应位置，选择合适位置设定为工作位置，同样设置压缩机的原点位置。

4）设置完成后关闭，同理可设置冲压机底部轨道机械装置。

操作步骤如图 2-58～图 2-61 所示。

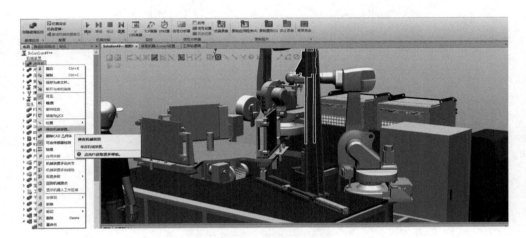

图 2-58　编辑机械装置

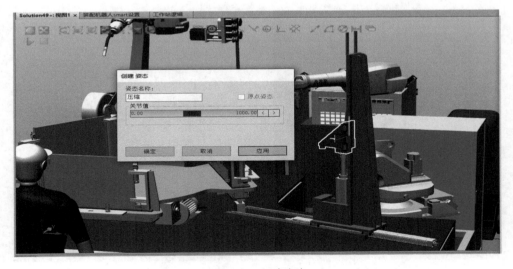

图 2-59　创建姿态

图 2-60　修改机械装置

图 2-61　修改完成

采用同样的操作方法为压分子筛干燥包机构、变位机修改姿态。

### 2.4.3　PoseMover 模块设置

在 Smart 组件中添加 PoseMover 模块，因为一个 PoseMover 模块只能控制一个姿态，Mechanism（机械装置）选择"冲压机"，Pose（姿态）选择"HomePose"（原点位置），运行时间设置为 2s，可按照个人要求调节。再设置冲压机工作位置和冲压机底部轨道工作位置，创建输入信号 press。

1）press 输入信号连接到冲压机底部轨道的 Execute 端，将输出端 Exectued 连接到冲压机工作位置的 Execute 端。

2）当接收到 press 信号输入后，冲压机底部轨道先运行到工作位置，运行完成后冲压机下行进行压缩，再返回冲压机原点，底部轨道不动。

操作步骤如图 2-62 ～图 2-64 所示。

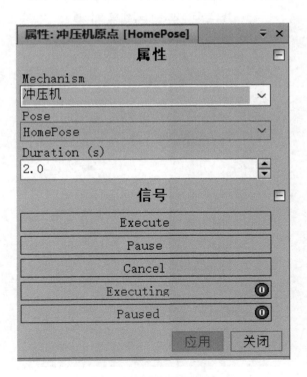

图 2-62　原点属性设置

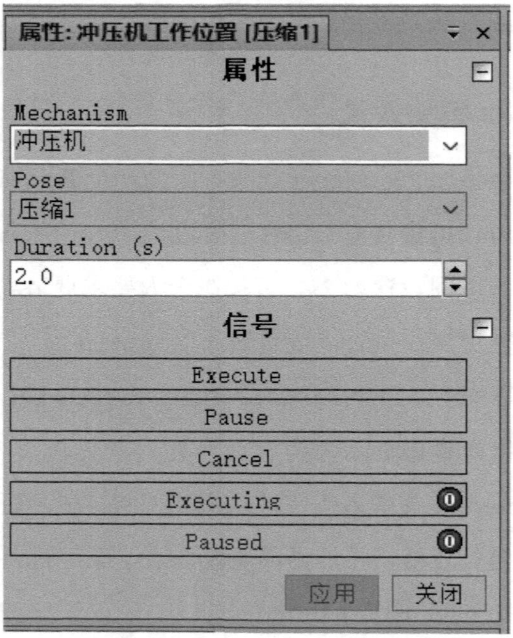


图 2-63　冲压机工作位置设置

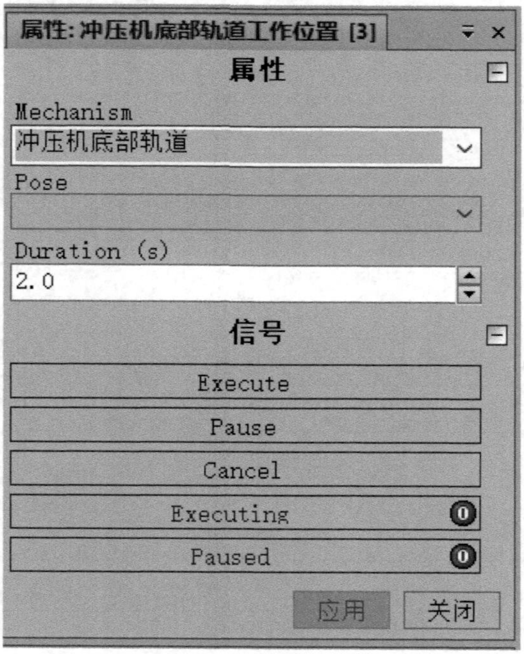


图 2-64　底部轨道工作位置设置

其他机械装置姿态同理设置即可，按顺序先添加对应的姿态模块，然后设置输入信号，将信号按照机械装置运行顺序连接。

输入信号设置如下：

1）updown 信号控制压干燥包分子筛机构从工作位置运行到原点位置。

2）work1 信号控制变位机运行到工作位置姿态 1。

3）back1 信号控制变位机运行到原点位置。

综上所述，装配机器人 Smart 输入信号实现的操作如下：

attach：用来控制机器人吸盘工具吸附产品主体；

detach：将产品主体从吸盘上拆除；

creat1：在指定位置生成干燥包拷贝；

creat2：在指定位置生成分子筛拷贝；

work1：控制变位机到姿态 1；

back1：控制变位机到原点位置；

check1：控制线传感器检测产品主体；

press：控制冲压机和底部轨道运动；

updown：控制压分子筛机械运行；

end2：将产品主体装配到变位机上，随变位机运行到姿态 2 进行焊接。

## 2.4.4　焊接机器人 Smart 组件设置

焊接机器人的设置主要是使用 PoseMover 模块来控制变位机的工件移动到相应姿态，添加三个子组件，再分别设置各子组件属性和彼此之间的信号逻辑关系，其中，HomePose 是变位机原点位置；work2 控制变位机运行到姿态 2；work3 控制变位机运行到姿态 3；reset 控制变位机运行到原点位置。

设置后属性关系如图 2-65 所示。至此，焊接机器人工作站的 Smart 组件全部设置完毕，在离线编程之前还需再次检测各组件是否设置正确，单击"I/O 仿真器"，依次单击各触发信号，观察机械装置状态。

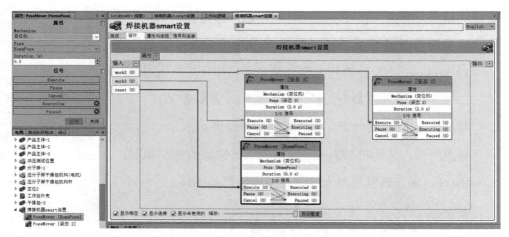

图 2-65　焊接机器人 Smart 设置

# 2.5　信号连接

## 2.5.1　信号创建

在 Smart 设置中有大量输入信号，但是无法从工作站控制器中对 Smart 的输入信号进行控制，所以需要将 Smart 组件信号与工作站信号相互匹配。由于该工作站为双机器人，在信号创建过程中应注意选择不同的控制系统来完成。

在"控制器"选项卡中单击左侧 System1（焊接机器人控制器），单击上方"配置"按钮，在弹出的菜单中选择"I/O System"，在"single"中创建数字输出信号（信号类型"Digital Output"）RESTAR、WORK2、WORK3，用于与焊接机器人 Smart 组件设置中的输入信号 work2、work3、reset 相连。创建数字输出（Digital Output）信号 END1 和数字输入（Digital Input）信号 STAR1，创建完成后热重启。

同样，选择"System2"（装配机器人控制器），进入"I/O System"，选择"single"，创建数字输出信号 Attach、UpDown、BACK1、Detach、

CHECK、Create1、Create2、PRESS、WORK1 用于与装配机器人 Smart 设置中的输入信号相连。数字输出信号 END2 和数字输入信号 STAR2 用于与焊接机器人控制器连接。创建完成后热重启 System2 控制器。

其操作方法如图 2-66、图 2-67 所示。

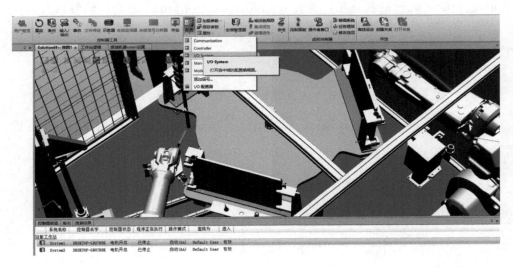

图 2-66　创建信号（1）

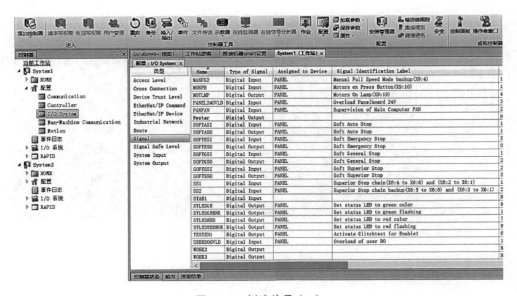

图 2-67　创建信号（2）

## 2.5.2 工作站之间的信号连接

在离线编程之前对信号进行连接，其原理相当于电气控制中机器人主控制柜与 PLC 之间建立起连接。首先，完成 System 与 Smart 之间的信号设置后，可以通过 Set 和 Reset 语句对数字输出信号进行控制，进而控制与其相连的 Smart 输入信号。

在"仿真"选项卡中单击"仿真逻辑"，在弹出的菜单中选择"工作站逻辑"。进入后单击 System1、System2、焊接机器人 Smart 设置、装配机器人 Smart 设置中 I/O 信号的下拉菜单，选择创建的信号并相互连线。

工作站之间的信号连接如下：

(System1) END1 → STAR2 (System2)

(System2) END2 → STAR1 (System1)

其操作方法如图 2-68、图 2-69 所示。

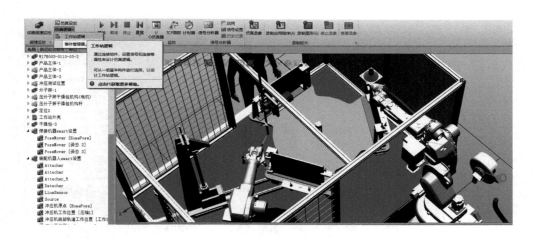

图 2-68 设置工作站逻辑

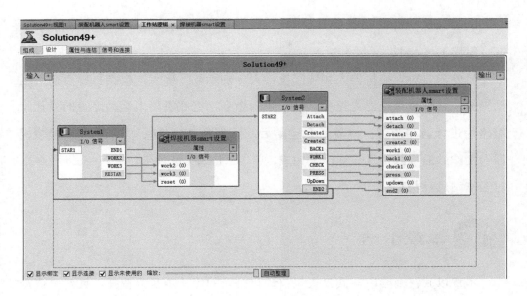

图 2-69　设置信号连接

工作站与 Smart 之间的信号连接关系如下：

1）System1（焊接机器人控制器）与焊接机器人 Smart 设置连接：

WORK2 → reset

WORK3 → work2

RESTAR → work3

2）System2（装配机器人控制器）与装配机器人 Smart 设置连接：

Attach → attach

Detach → detach

Create1 → create1

Create2 → create2

BACK1 → back1

WORK1 → work1

CHECK → check1

PRESS → press

UpDown → updown

END2 → end2

另外需要对焊接机器人和装配机器人分别示教目标点，根据目标点插入运动指令，合理规划机器人路径，插入逻辑指令，完成机器人运动路径的设计。对路径进行自动配置，沿着路径运动后，同步到 RAPID 程序。至此，焊接机器人工作站的离线仿真设计全部完成，单击"仿真"选项卡，进入 Main 程序，对工作站进行仿真。

## 2.6 本章小结

本章以武汉商学院与武汉天工自动化公司的焊接项目为依托，针对空调冷凝管工件的焊接需求，在焊接机器人的基础上开发了一种双机器人双工位的自动化焊接工作站，并对其涉及的主要关键技术进行了研究。

本章的主要内容如下：

1）通过查阅国内外焊接机器人和自动化焊接工作站的相关文献资料，探讨了该项目的研究背景及研究意义，对国内外有关焊接机器人及焊接工作站的研究现状进行了总结。

2）针对需要开发的工作站进行功能需求分析，确定了转盘装置、工装夹具装置、上下料装置、轨道装置和其他安全防护装置等主要结构，确定了系统的整体布局形式。

3）对照焊接工艺设计离线编程仿真，通过仿真结果判断设计的合理性，从而进一步优化设计。该焊接工作站极大地降低了工人的劳动强度和焊接弧光、烟尘对人员的身体伤害，有效地缩短了生产周期，能够确保产品质量，满足企业的焊接生产需求。

# 第 3 章

## 虚拟仿真实验

**学习目标**

1. 了解虚拟仿真实验相关理论。
2. 掌握虚拟实验的基本原理和教学方法。
3. 了解虚拟实验设计架构和技术方法。
4. 掌握虚拟实验的操作步骤。

　　虚拟仿真实验教学在高校教育教学中的地位越来越高，教育部的国家一流课程建设中对虚拟仿真实验教学项目的支持力度也持续增加，近年来各高校大力整合虚拟实验教学资源、管理和共享平台、教学队伍等软硬件条件，因此吸引了大批高校教师从事虚拟仿真实验的研究。笔者通过在武汉商学院工业机器人仿真技术课程中建立的玻璃清洗工作站虚拟仿真实验进行剖析与分享，尝试将项目建设与教学中的方式方法进行梳理。虚拟仿真实验也可以用来优化整个课程教学的流程。首先，笔者运用工业机器人仿真技术中相关理论建立玻璃清洗机器人虚拟仿真实验，通过该实验阐述了虚拟仿真实验教学项目的含义和特点；其次，对玻璃清洗工作站虚拟仿真实验教学进行总体描述，梳理教学目标、实验原理与实验方法；再次，详细阐述实验设计过程、实验架构和开发流程；最后，对实验特色加以描述，展望实验建设计划、保障措施和未来的社会服务情况。

## 3.1 相关理论基础

### 3.1.1 国内外虚拟仿真实验教学发展历程

　　虚拟仿真实验教学从产生到现在经历了三个阶段：1946 年电子计算机发

**工业机器人典型工作站虚拟仿真详解**

明以前的思维模型与逻辑分析阶段、20 世纪 60 ～ 80 年代的计算机仿真阶段、80 年代到现在的虚拟现实阶段。虚拟仿真技术的成长与发展伴随着计算机与互联网、虚拟仪器等软硬件的技术发展，其真正应用于市场和高校源于 20 世纪 90 年代大批设计仿真软件的出现，主要出现在欧美地区和日本等国家，而我国的起步较晚。21 世纪初，国外很多虚拟仿真实验逐渐代替传统的实验仪器设备，高耗能、高危险性的实验设备也逐步退出高校的实验室。直到 2010 年，随着网络技术的长足发展，虚拟仿真教学才进入快速发展阶段，通过浏览器就可以访问实验项目，师生们不用再安装复杂的软件。麻省理工学院的 Web Lab、卡内基梅隆大学的虚拟实验室、加拿大的 DRDC 项目、牛津大学的虚拟化学实验室等是当时国际上比较先进的虚拟仿真实验室，对虚拟仿真教学的研究起到了积极的推动作用。浙江大学虚拟电工电子网络实验室、陕西师范大学虚拟实验测试中心、中国科学技术大学大学物理计算机仿真实验系统是当时比较有名的虚拟仿真教学实验室，对我国虚拟仿真教学发展起到了很好的示范和推广作用。目前，虚拟仿真实验教学更加复杂和多样化，已经变成一个多学科交叉的领域，可综合利用多媒体技术、人机交互技术、3D 打印技术、遥感技术等进行虚拟现实和增强现实操作。例如，在美国科罗拉多大学的 PhET 交互式虚拟仿真实验中，学生可以通过运行基于物理现场分析的交互式虚拟仿真软件，在虚拟环境中开展个性化学习，自主实验，启迪创新思维，验证对实验提出的假设与构想。国内的虚拟仿真实验教学在理念上相对落后，很多技术还停留在起步阶段，所构建的虚拟仿真教学平台基本以演示为主，对于验证和设计实验，还需要虚拟仿真教学工作者进行积极的探索。

## 3.1.2　虚拟仿真实验教学含义及特点

工业机器人虚拟仿真实验教学是一种比较综合的教学方式，建立在虚拟现实、多媒体、人机交互、数据库和网络通信等技术的基础上，通过创造高度仿真的虚拟场景和对象，让学员在虚拟的场景中进行相关的实验，来完成教学大纲要求的教学目标，实现虚拟仿真的教学效果。工业机器人被誉为"制造业皇冠上的明珠"，其研发、制造、应用是衡量一个国家科技创新和高端制造业水平的重要标志，但是工业机器人相关系统集成项目工况复杂、耗能高，对于普通高校而言其设备成本及日常维护投入大，而虚拟仿真实验能解决高校教学中设备不足的问题。

### 3.1.3　虚拟仿真实验教学体系

实验所属课程为"工业机器人仿真技术"，为机器人工程专业大三学年的专业必修课，共 32 学时，该实验所占课时为 2 学时。"工业机器人仿真技术"是机器人工程专业一门专业限选课，它在教学计划中起着承先启后的作用。该课程着重培养学生工业机器人虚拟仿真相关的设计能力、创新能力、工程意识。该课程的任务是使学生了解工业机器人仿真技术的基础知识、工业机器人虚拟仿真的基本工作原理；掌握工业机器人工作站构建、RobotStudio 中的建模功能、焊接机器人离线轨迹编程、事件管理器的应用、Smart 组件的应用、Screenmaker 的应用、带轨道或变位机的机器人系统创建与应用，以及 RobotStudio 的在线功能，具备使用 RobotStudio 仿真软件的能力和针对不同的工业机器人应用设计工业机器人方案的能力，为进一步学习其他机器人课程打下良好基础。

## 3.2　实验总体描述

玻璃清洗工作站离线编程虚拟仿真实验以武汉商学院虚拟仿真实验平台为基础，进行玻璃清洗工作站虚拟构建、离线编程基本操作及玻璃清洗工作站运动仿真。采用"知识点"与"工程实践"相结合的实验教学方式，通过基础部分、进阶部分及工程案例实操的实验教学设计，着重培养学生团队合作能力、剖析工程案例能力及研究解决机器人系统集成实际工程问题的能力。

（1）实验的必要性及实用性　搬运工作站是工业机器人领域的典型应用，机器人实体工作站占地面积大、成本高、管理和维护困难，采用机器人实体工作站进行机器人系统集成应用离线编程仿真实验成本高、消耗大。

机器人系统集成及编程的实体实验存在投资较大、设备台套数有限、实验室面积紧张、实验时间与教学时间冲突、细微实验现象难以细致观察等问题。

（2）教学设计的合理性　本虚拟实验教学设计遵循"三层衔接、能力进阶"的思路，即基本技能训练、专业综合训练和业界实践训练三层相衔接，以及基本能力、专项能力和综合能力三种能力的进阶。主要包括构建基本仿真工业机器人工作站、RobotStudio 中的建模功能等基础教学部分，Smart 组件的应用、在线编程等进阶教学部分，以及玻璃清洗工作站编程工程实例操作部分等三个部分。

（3）实验系统的先进性　"工业机器人仿真技术"课程的虚拟仿真实验与行业领先的专业公司合作，采用先进的 Maya 和 VR 技术对实验场景、设备装置、系统建模等高度仿真，实验全程采用 3D 动画，操作规范、标准，3D 实验场景逼真，体验感和交互性强，学生有强烈的参与愿望。

## 3.2.1　实验教学目标

1）增加对工业机器人搬运技术的感性认识。

2）了解玻璃清洗工作站的模型导入，完成整体布局，掌握工作站主要设备和玻璃清洗及搬运的过程工艺。

3）掌握玻璃清洗工作站配置 Smart 组件参数的技巧及离线编程。

4）掌握 RAPID 语言编程和仿真设置方法。

5）促进机器人工程仿真技术的运用，培养应用型、创新型人才。

## 3.2.2　实验原理

知识点数量：5 个

### 1. 设备布局与系统创建

工件为批量化生产的玻璃产品，长度为 1200mm，宽度为 900mm，厚度为

5mm，工厂内采用总线输送，将工件输送至各单站工位。单站工位采用一台 ABB IRB 6700 机器人，末端安装吸盘夹具夹持工件，将工件从输送链抓取至清洗机输入端，由清洗机对工件进行自动清洗。

### 2. Smart 组件设置

Smart 组件是在 RobotStudio 中实现动画效果的高效工具。玻璃清洗工作站的 Smart 组件分为：SC- 输送链、SC- 清洗机、SC- 工具。

SC- 输送链的动态效果对整个工作站起关键作用，其动态效果包含：输送链前端自动生成工件、工件随着输送链向前运动、工件到达输送链末端后停止运动、工件被移走后输送链前端再次生成产品，依此循环。

SC- 清洗机的动态效果是完成对工件的传送和自动清洗，清洗机内部一对夹送辊反向旋转完成对工件的擦洗。

SC- 工具的动态效果是对工件的抓取或放下，吸盘工具将输送链中的工件抓取到清洗机输入端。

### 3. 离线编程

ABB IRB 6700 机器人主要是将工件从输送链位抓取至清洗机位，在抓取后将工件翻转 90°，捕捉工件上表面，离线编程示教抓取点、过渡点、放置点，自动生成路径，调整吸盘工具到合适的位置姿态。自动生成路径后，在"目标点和路径"中修改指令，选择合适的运动指令，调整焊接速度，插入"WaitTime"等逻辑指令，设置任务等待，将离线编程同步到 RAPID。

### 4. RAPID 编程

RAPID 语言是 ABB 公司对针对机器人进行逻辑、运动以及 I/O 控制开发的机器人编程语言。RAPID 语言类似于高级编程语言，与 VB 和 C 语言结构相近。PAPID 语言所包含的指令可实现机器人运动的控制，系统设置的输入、输出，还能实现决策、重复、构造程序、与系统操作员交流等功能。在 RAPID 程序中，有且只有一个主程序 Main，它可以存在于任意一个程序模块中，并且是整个 RAPID 程序执行的起点。打开虚拟示教器，转到手动模式，

## 工业机器人典型工作站虚拟仿真详解

选择"Production Window"，分别查看程序，调整修改程序后，将 PP 指针移至 Main。

### 5. 工作站逻辑及 I/O 信号设置

工作站逻辑适用于将 Smart 组件信号与机器人系统配置信号进行关联配置。首先需要为机器人控制器配置 I/O 信号，将 I/O 信号与 Smart 组件建立连接。

在实际生产中，大批量玻璃生产的清洗工序常采用工业机器人自动化清洗的生产方式。在工厂产线上，工业机器人对玻璃的搬运采用机器人末端安装的真空吸盘，对玻璃的边角进行抓取，使用一台输送链将工件送至机器人行程范围，机器人抓取和翻转工件，并将工件放置于清洗机输入端。本实验的主要难点是机器人与输送链、清洗机等外部设备协同工作下的工作站离线虚拟仿真（见图 3-1），其基本思路是：分析玻璃清洗的工艺，对工作站进行布局，设置 Smart 组件参数，通过离线编程和 RAPID 编程进行仿真设置，完成实验。实验流程可见图 3-2。

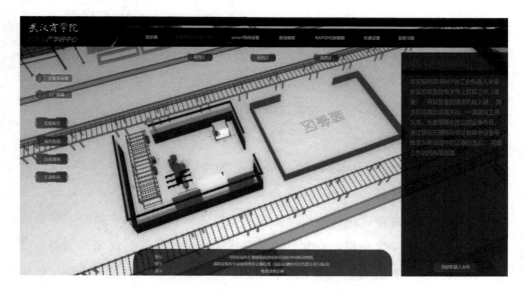

图 3-1　工厂场景

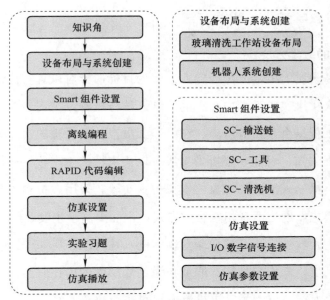

图 3-2　玻璃清洗实验流程

　　玻璃清洗工作站虚拟仿真实验可以让学生切身体验工业机器人在实际生产中玻璃自动清洗工艺的操作应用，熟悉机器人工作站的设备布局、虚拟仿真的组件设置流程、离线编程等知识。通过三维虚拟技术提供的细腻的现场沉浸感，可以弥补实验中不能到工作现场操作实际设备的短板，调动学生进行实验的积极性和主动性，使他们在掌握基础知识的同时，自主设计实验和操作，解决实际操作中的问题，增强创新能力。VR 操作场景如图 3-3 所示。

图 3-3　VR 操作场景

### 3.2.3　实验教学过程与实验方法

#### 1. 采用的教学方法

以培养高素质的机器人工程专业人才为目标，针对以真实机器人工作站为基础的机器人实操实验教学中存在的问题，结合机器人工程专业知识面广、系统性强、与工程结合紧密等特点，在机器人虚拟仿真课程的实践教学过程中，建立了以工程认知、表达、分析为主线，以代表性的生产线——机器人焊接、机器人打磨、机器人清洗为对象的虚拟仿真实验。采用虚拟实验与理论教学相结合的教学模式，通过两者相融合的方式，全面提高学生实践能力。

这样的实验教学方法可减少课堂教学投入时间，加强实验、实训教学力度，理清供给与需求、知识与技能、职业与道德等层面的内在联系，改革传统的教学观念和教学方法，进一步完善机器人学科实践教学方案。

#### 2. 使用目的

改变教师传统的注入式教学方式，强调"以学生为中心"的实验教学理念，将学习资源开放、学习空间开放，以学生自己学习为主、教师指导为辅，教师尊重学生的想法，鼓励、引导学生主动学习，教师与学生共同完成实验项目，从而使学生获取知识和技能。

#### 3. 实施过程

在仿真平台上，虚拟仿真实验教学一共设置了知识角、自由播放、实验操作、实验习题和实验报告 5 个系统。各系统的功能如下：

1）知识角：该系统的目的是使学生了解实验目的、原理、操作步骤、注意事项等。实验前可以用于预习，了解实验涉及的知识点（见图 3-4）。

2）自由播放：实验全过程规范操作的录像，以及实验仿真成功后工作站的虚拟仿真录像，便于学生快速地从整体上了解实验内容。

3）实验操作：在文字、声音和高亮等提示帮助下，人机交互，一步一步指导学生学习完成整个实验。

图 3-4 知识角

4）实验习题：无任何提示进行操作考核，考核结束后系统自动给出分数。

5）实验报告：考核完成后，需撰写实验报告，包括实验目的、原理、实验数据处理和结果、实验结论以及对该实验设计的评价和建议，提交给老师评阅。

**4. 实施效果**

虚拟实验和实体实验具有良好的互补性。学生在一个虚拟实验环境中，利用自己对模型的观察与分析，就会形成一个较为直观的印象，再利用各种设备进行操作，加强对实验原理和规则的理解，就会形成初步认知技能以及操作技能，可以有效地促进实体实验的开展与完成，使学生在实践中不断提升自身的实践技能。从发现问题（虚拟实验获得的实验现象和实验数据）到解决问题（针对性的知识点讲授），再到实践验证理论知识，学生始终保持一种探究的状态，可有效提升学习的积极性和趣味性，进而实现了教学效果的提升。

## 3.3 实验架构与开发设计

### 3.3.1 网络条件与用户系统

（1）网络条件要求 上下行带宽 20M 以上。非在线仿真并发响应数量单台服务器支持 200 用户，在线仿真并发响应数量 40～50 用户（受仿真模型规模影响），网页加载完后没有人数限制。

（2）用户操作系统要求 计算机操作系统和版本要求操作系统为 Win7、Win8、Win10 或以上版本，能够支撑手机端查看实验 2D 界面与设备布局，访问知识角，支持移动端。

（3）计算机硬件配置要求 CPU：酷睿 i5 以上；主频：2.4GHz 及以上；内存：8GB 以上，推荐 16GB；网卡：千兆网卡；显卡：要求使用英伟达系列显卡 GTX1050 及以上型号。

（4）其他计算终端硬件配置要求 Android 平台：CPU 高通骁龙 820 以上，内存 6GB 以上，推荐 8GB。HTC Vive VR 头盔消费者版，采用一块 OLED 屏幕，单眼有效分辨率为 1200×1080，双眼合并分辨率为 2160×1200，内置陀螺仪、加速度计和激光定位传感器，追踪精度 0.1°。

### 3.3.2 技术架构

玻璃清洗工作站虚拟仿真实验教学平台的开放运行依托于开放式虚拟仿真实验教学管理平台。开放式虚拟仿真实验教学管理平台以计算机仿真技术、多媒体技术和网络技术为依托，采用面向服务的软件架构开发，集实物仿真、创新设计、智能指导、虚拟实验结果自动批改和教学管理于一体，是具有良好自主性、交互性和可扩展性的虚拟实验教学平台。开发技术有 WebGL，开发工具有 Maya、Visual Studio，运行环境为服务器 CPU 4 核、内存 8GB、磁盘 256 GB、显存 2GB、GPU 型号 NVIDIA GeForce RTX 2080 Ti，操作系统 Windows

Server，具体版本为 Win10，数据库为 SQL Server。软件采用 GPU 实时渲染技术，画面可以设置窗口模式和全屏模式，屏幕分辨率可以设置多种模式。画面的每秒传输帧数（FPS）为 50 帧以上。平台的总体架构如图 3-5 所示。

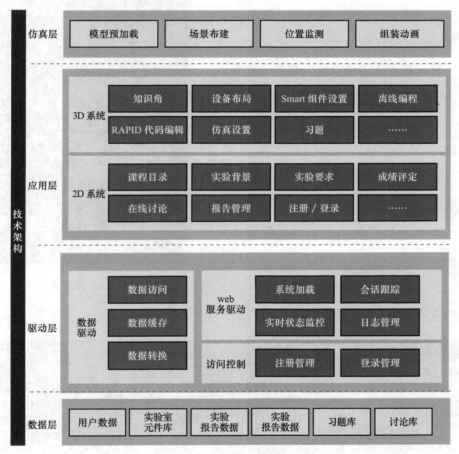

图 3-5　总体架构图

## 3.4　实验步骤与特色

### 3.4.1　实验教学操作步骤

（1）操作指南与知识角学习（2 步）

①实验之前阅读实验步骤，查阅操作指南；

②选择工厂环境或实验室环境，完成对知识角的阅读，如图 3-6 所示。

（2）设备布局与系统创建（7 步）

①选择合适视角，将机器人底座从装备区布局至实验区草图上对应位置；

②将机器人本体安装至机器人底座；

③安装吸盘工具至机器人末端；

④将输送链布局至实验区草图上对应位置；

⑤将清洗机布局至实验区草图上对应位置；

⑥将控制台布局至实验区草图上对应位置；

⑦点击创建机器人系统，完成系统的创建，如图 3-7、图 3-8 所示。

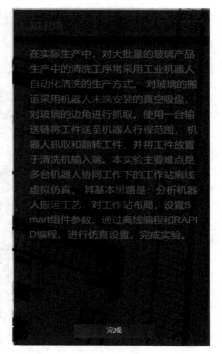

在实际生产中，对大批量的玻璃产品生产中的清洗工序常采用工业机器人自动化清洗的生产方式。对玻璃的搬运采用机器人末端安装的真空吸盘，对玻璃的边角进行抓取。使用一台输送链将工件送至机器人行程范围，机器人抓取和翻转工件，并将工件放置于清洗机输入端。本实验主要难点是多台机器人协同工作下的工作站离线虚拟仿真，其基本思路是：分析机器人搬运工艺，对工作站布局，设置Smart组件参数，通过离线编程和RAPID编程，进行仿真设置，完成实验。

完成

图 3-6　知识角

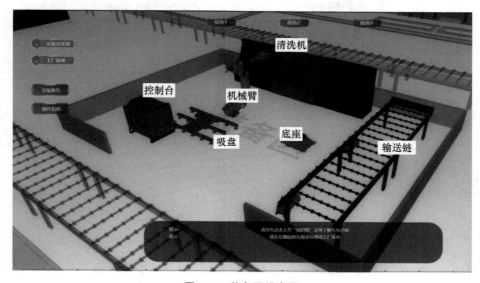

图 3-7　装备区设备图

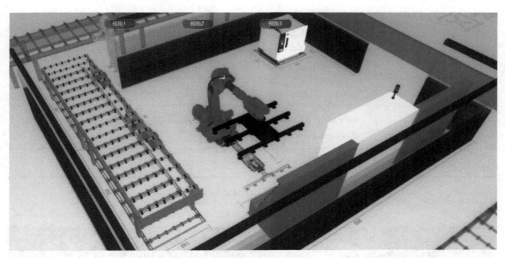

图 3-8　设备布局

（3）Smart 组件的设置（4 步）

①为输送链创建 Smart 组件，从组件列表中勾选 LinearMover、PlaneSensor、Queue、Source、LogicGate [Not] 添加至 SC- 输送链；

②为清洗机创建 Smart 组件，从组件列表中勾选 LinearMover、PlaneSensor、PositionSensor、Queue、Source、LogicGate [Not] 添加至 SC- 清洗机；

③为工具创建 Smart 组件，从组件列表中勾选 Attacher、Detacher、LineSensor、LogicGate [Not] 添加至 SC- 工具（见图 3-9、表 3-1）；

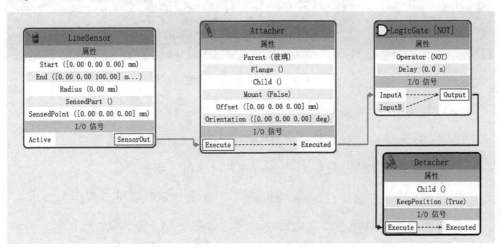

图 3-9　SC- 工具的组件属性关系

表 3-1　Smart 组件表

| Smart 组件 | 对应子组件 |
|---|---|
| SC- 输送链 | Source、LinearMover、LogicGate[NOT]、PlaneSensor、Queue |
| SC- 清洗机 | Source、LinearMover、LogicGate[NOT]、PlaneSensor、Queue、PositionSensor |
| SC- 工具 | LogicGate[NOT]、LineSensor、Attacher、Detacher |

④单击"提交"按钮完成 Smart 组件的设置，如图 3-10 所示。

图 3-10　Smart 组件设置

（4）离线编程（4 步）

①在 3D 环境中选择目标点"pPick"，单击"示教目标点"；

②在 3D 环境中选择目标点"pHome"，单击"示教目标点"；

③在 3D 环境中选择目标点"pPlace"，单击"示教目标点"；

④单击"生成路径"，完成离线编程，如图 3-11 所示。

图 3-11　离线编程

（5）RAPID 代码编辑（3 步）

① 编辑初始化子程序：

```
PROC rInitAll()
        Reset doGrip;  // 复位抓取信号
        Reset doPlaceDone;  // 复位移动信号
        MoveJ pHome,vMidSpeed,fine,tVacuum\WObj:=wobj0;  // 回到原点
ENDPROC
```

② 编辑抓取子程序：

```
PROC rPick()
        MoveJ Offs(pPick,0,0,500),vMaxSpeed,z50,tVacuum\WObj:=wobj0;
        Waitdi diGlassInPos,1;
        MoveL pPick,vMinSpeed,fine,tVacuum\WObj:=wobj0;
        Set doGrip;  // 执行抓取信号
        WaitTime 0.3;  // 等待 0.3s
        GripLoad LoadFull;
        MoveL Offs(pPick,0,0,500),vMinSpeed,z50,tVacuum\WObj:=wobj0;
        MoveL Offs(pPick,1000,1000,500),vMidSpeed,z200,tVacuum\WObj:=wobj0;
ENDPROC
```

③编辑放置子程序：

```
PROC rPlace()
        MoveJ Offs(pPlace,-800,0,200),vMidSpeed,z50,tVacuum\WObj:=wobj0;
        WaitDI diGlassInMachine,0;
        MoveL Offs(pPlace,-20,0,0),vMinSpeed,z5,tVacuum\WObj:=wobj0;
        MoveL pPlace,vMinSpeed,fine,tVacuum\WObj:=wobj0;
        Reset doGrip;// 复位抓取信号
        WaitTime 0.3;
        GripLoad LoadEmpty;
        MoveL Offs(pPlace,-20,0,0),vMinSpeed,z5,tVacuum\WObj:=wobj0;
        MoveL Offs(pPlace,-800,0,200),vMaxSpeed,z50,tVacuum\WObj:=wobj0;
        PulseDO doPlaceDone;
        MoveJ Offs(pPick,1000,1000,500),vMaxSpeed,z50,tVacuum\WObj:=wobj0;
        MoveL Offs(pPick,0,0,500),vMaxSpeed,z50,tVacuum\WObj:=wobj0;
ENDPROC
```

RAPID 代码编辑界面如图 3-12 所示。

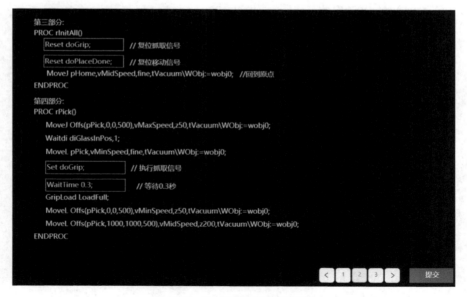

图 3-12　RAPID 代码编辑界面

（6）仿真设置（2 步）

①对仿真进行设置，勾选 Smart 组件、控制器，选择单周期运行模式；

② 新建 I/O 连接信号，SC- 工具信号"doGrip"、"doPlaceDone"以及 SC- 输送链信号和 SC- 清洗机信号，如图 3-13 所示。

（7）实验习题（1 步）　完成实验相关的选择题及判断题，如图 3-14 所示。

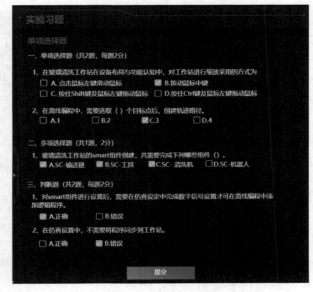

图 3-13　仿真设置　　　　　　　　　　　图 3-14　实验习题

（8）自由观看（1 步）　交互操作完成，查看仿真步骤，如图 3-15 所示。

图 3-15　实验完成

### 3.4.2　实验教学特色

（1）实验设计　虚拟实验室中的设备采用与实体设备 1:1 的比例真实还原。实验覆盖了机器人虚拟仿真的基本知识点，真实模拟机器人系统集成的设计、安装、调试等各个环节。虚拟实验是利用理论模型、数值方法、信息网络和计算机技术，将真实的物理现象或过程模型化，在计算机上以图片、视频、动画或曲线等直观形式展现，并通过网络共享使用。

（2）教学方法　虚拟实验和实体实验具有良好的互补性。学生在一个虚拟实验环境中对模型进行观察与分析，就会形成一个较为直观的印象，再对各种设备功能进行操作了解，加强对实验原理和规则的理解，就会形成初步认知及操作技能，有效促进实体实验的开展与完成。课程内共设置了玻璃清洗工作站虚拟仿真实验、弧焊工作站虚拟仿真实验、码垛工作站虚拟仿真实验、打磨工作站虚拟仿真实验共 4 个虚拟实验。教学过程以学生为中心，引入了"先虚拟后实体"的实验教学模式。

（3）评价体系　虚拟实验是结合现代信息技术的新生事物，相对于传统实验教学方法在诸多方面有其独特性，其指标体系必然也需要有针对性的设计，设计指标体系时首先要对传统实验教学评估的指标体系进行充分调研。通过分析，认为常规实验和虚拟实验的指标体系设计的差异主要体现在：①评估对象不同：虚拟实验面对的评估对象是一个抽象的软件系统，和一个有人、有具体设备和场所的常规实验室不同；②评估范围不同：虚拟实验的指标体系的执行者是评估系统，和常规实验主要由人来执行是不同的，所以，为了能指导评估系统的开发，虚拟实验的指标体系的评估范围限定在某个具体的实验。评价体系可见图 3-16。

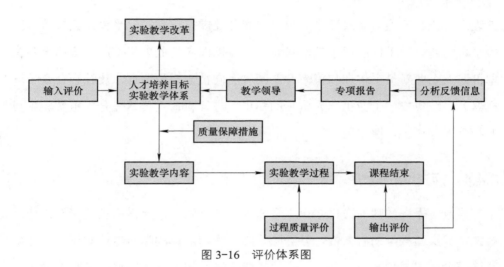

图 3-16　评价体系图

### 3.4.3　教学资源共享

（1）持续建设与更新　机器人工程专业在武汉市重点学科、教育部协同育人教学实训基地的基础上，继续加大虚拟仿真实验教学平台的投入。我校根据师生反馈，完善已经应用于教学的项目；同时，以适应工业 4.0、互联网＋以及大工科发展的要求，通过顶层设计，梳理机器人工程专业所有高危险性、高耗能实验，采用 Maya 和 VR 等技术全部开发成虚拟仿真项目，拓展实验教学内容的广度和深度，进一步构建多学科多专业融合的虚拟实验平台，加强网络化条件下实验教学规律研究，探索提升实验教学效果的方式方法，作为我校机器人工程专业学生实验技能测试标准，并向其他高校和社会开放共享，提升机器人工程专业实验教学质量和实践育人水平。

（2）面向高校的教学推广应用计划　在不断完善虚拟仿真资源库的基础上，通过举办专业交流会议、开放运行、接待参观等形式，联合校内外、国内外兄弟院校相关专业的专家学者共同探讨本专业虚拟仿真实验教学的建设规划、发展理念，进行经验交流和成果共享，构建虚拟仿真实验远程教学和实验学分互认机制，共同提高机器人工程专业的人才培养质量。

（3）面向社会的推广与持续服务计划　进一步加强与企业的合作，以实际

# 工业机器人典型工作站虚拟仿真详解

工程为依托，理论与实践深度融合，共同开发虚拟仿真实验平台。虚拟仿真实验平台的建设，不仅应用于教学科研，还可以面向企业单位推广，应用于各类型机器人企业新员工培训和再教育。同时面向社会开放运行，让社会公众了解机器人系统集成、工业机器人仿真的知识，进行科普宣传，提升虚拟实验项目的社会影响和示范性作用。

## 3.4.4　师资队伍建设

第一、提高教师的文化知识水平和实验教学能力。要提高玻璃清洗工作站虚拟仿真实验教学的有效性，教师除了必须掌握深厚的学科专业知识外，还要能够综合运用其他知识，并有一定的教学实践知识。学校需要制定相关政策，支持年轻教师去企业学习锻炼，鼓励教师积极参加国内外的培训、竞赛等，提高实践技术水平，并参与科研，实现教学与科研的结合。

第二、学习发达国家高校"理论教学、实践指导、科学研究"于一体的教师建设机制，鼓励、引导高水平的理论课程教师参加实验教学工作，也可从工业机器人发系统集成、工业机器人仿真行业、研究所聘请具有丰富实践经验的工程师来学校兼职授课，充实实验师资队伍，促进"产、学、研"结合。另外还可以开设一些教学讲座，邀请具有丰富教学经验的专家给产学研中心的实验教师进行授课培训，传授教学经验和先进的教学方法。

第三、除了教学人员，管理人才对教学质量的提高也起着潜移默化的作用，因此在人员配备上，除了工科类毕业生，还可招收一些管理专业的毕业生。另外，应支持单位教学管理人员参加各种管理讲座、培训，通过加强教学管理提高教学质量。

仅做到教学资源共享是远远不够的，要真正提高虚拟仿真实验教学质量，必须加强实验教学数字、设备一体化建设，能够通过配置和连接，真正实现虚实结合的虚拟仿真实验教学平台，并能够自行设计、搭建实验项目。另外要进一步探索资源开放共享机制，搭建资源共享平台，能够实现项目共享、信息共享、设备资源共享，还能实现互动交流、展示成果、考评成绩等功能。

## 3.5　本章小结

本章对玻璃清洗工作站虚拟仿真实验教学项目做了较为深入的研究，归纳实验原理和方法，详细阐述实验步骤，分析其设计目的、设计意义和实验特色，并对实验的未来规划设计和发展进行了展望。

本研究所做的主要工作及特色在以下几个方面：

1）设计了一款满足工业机器人仿真技术课程实践需求的虚拟实验，有效提高了实验教学质量。

2）从项目管理的生命周期出发，结合虚拟仿真实验教学的过程特点，对玻璃清洗工作站虚拟仿真实验教学项目中的每一个过程都进行了可操作的管理方法设计，并对每一步操作的知识支撑点进行了剖析。

3）提出实验评价方法、社会服务计划和师资团队建设目标，对后续实验的建设方向展开探索。

# 第 4 章

## 机器视觉缺陷检测系统设计

### 学习目标

1. 了解机器视觉和缺陷检测相关理论。
2. 了解机器视觉技术。
3. 掌握缺陷检测硬件实现方案。
4. 掌握缺陷检测算法设计和编程方法。

本章所述内容主要来源于武汉商学院与苏州宇量电池有限公司合作的电池部件机器视觉缺陷检测系统研发项目，采用 NI Vision Assistant 视觉助手以及 NI LabVIEW 软件开发平台，实现机器视觉检测算法的设计与验证以及缺陷检测系统软件的开发。机器视觉就是在机器上加装视觉装置，让机器拥有类似人类的视觉，使其智能化和自动化程度进一步提高。缺陷检测是机器视觉的一个重要应用领域，其检测的准确度会直接影响到产品的质量。因产品缺陷会给产品的美观度、使用寿命和使用性能等带来不良影响，所以生产企业往往十分重视对产品缺陷的检测工序，以便及时发现并进行质量管控。使用传统人眼识别对产品缺陷进行检测的方法，已不能满足现代生产速度和制造工艺精度的要求，而机器视觉检测成了这一问题的完美解决方案。机器视觉缺陷检测系统的广泛应用，极大地促进了企业产品高质量的生产，以及制造业智能化程度的发展。

## 4.1 缺陷检测技术简介

缺陷检测是采用先进的机器视觉检测技术，对产品表面的缺损、划痕、凹坑、色差、斑点等缺陷进行检测。缺陷检测系统主要包括图像采集、图像处理、图像分析及机械控制等部分，如图 4-1 所示。其中图像处理和图像分析技术的好坏直接决定了检测系统的准确性、实时性和鲁棒性。

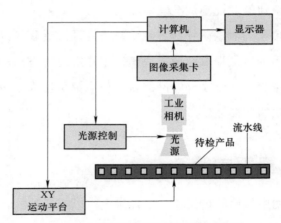

图 4-1　机器视觉缺陷检测系统示意图

图像处理技术包括图像去噪、图像增强、表面缺陷的定位以及缺陷分割。由于获取的图像可能会受环境、传感器、电子元件等的影响产生噪声，因此要对图像进行去噪，从而降低噪声对后续分析的影响。图像增强是强调图像的局部或者全局特征，使得感兴趣的图像区域更加凸显，提高图像的识别效果。缺陷的定位和分割是将缺陷从整体图像中初步分割出来，以便下一步对缺陷进行特征提取及识别。

图像分析技术主要包括缺陷特征的提取、特征的选择以及缺陷的识别。特征提取是根据不同缺陷的特性提取符合缺陷的特征信息，此特征应该具有独特性，对不同缺陷的描述不同，这样才能对缺陷更好地进行识别。特征提取的另一个目的是减少图像的数据量，将图像映射到更低维的空间，提高识别的速度与精度。图像特征主要包括灰度特征、几何特征、频谱变换特征、模型的纹理特征，提取的特征往往具有冗余信息，因此需要对特征进行选择，在降低特征维度的同时也能提高识别精度。缺陷识别是根据提取的缺陷特征集训练分类器，通过训练好的分类器识别未知的同分布的缺陷图像。

目前机器视觉缺陷检测技术在工业应用中的研究大致可以分为两类：

（1）基于传统机器视觉的缺陷检测方法　传统机器视觉算法利用经验知识

处理图像，采用直方图统计特征法和小波特征法等方式提取缺陷特征，通过分析特征的特点，以实现有效的缺陷识别。该方法的缺点是人工设计特征费时费力且不够全面，识别速度较慢，准确率较低。

（2）基于深度学习的缺陷检测方法　该方法通过卷积神经网络训练图像样本数据，完成一系列特征提取、分析决策等工作。这种方法的缺点是样本数据需求量大，可控性稍差。但是神经网络特征信息提取比人工设计提取的方式更加全面，具有更强的鲁棒性。

## 4.2　NI 机器视觉简介

目前工业应用中常用的机器视觉软件主要有以下几种：

（1）OpenCV　OpenCV 是机器视觉最常用的软件，它由一系列 C 函数和少量 C++ 类构成，提供了 Python、Ruby、MATLAB 等语言的接口，并提供了图像处理和计算机视觉等方面的很多通用算法。其最大优点是开源，可以进行二次开发。

（2）VisionPro　VisionPro 是美国康耐视（Cognex）公司开发的一款机器视觉软件，它使得制造商、系统集成商、工程师可以快速地开发和配置出强大的机器视觉应用系统。

（3）LabVIEW　LabVIEW 是基于程序框图的一种图形化编程语言，它提供了大量的图像预处理、图像分割、机器视觉等函数库和开发工具。用户只需要在程序框图中用图标连接器按照数据流的方向，将所需要的子 VI 连接起来就可以完成目标任务。它的优点是机器视觉系统开发速度快。

（4）HALCON　HALCON 是德国 MVTec 公司开发的一套完善的标准机器视觉算法包，它拥有应用广泛的机器视觉集成开发环境，节约了产品成本，缩短了软件开发周期。HALCON 灵活的架构可以方便地完成机器视觉、图像分析和医学图像等应用的快速开发。

（5）MATLAB　MATLAB 是一款功能强大的数据处理软件，也可以用于机器视觉，不过需要利用其中一些图像类的工具箱，如 Image Acquisition

Toolbox（图像采集工具箱）、Image Processing Toolbox（图像处理工具箱）、Computer Vision System Toolbox（计算机视觉工具箱）。

## 4.2.1　NI LabVIEW 简介

　　LabVIEW（Laboratory Virtual Instrument Engineering Workbench）是美国国家仪器（NI）公司研发的一种图形化的编程语言开发环境，可以帮助师生、工程师和科研人员在更短时间内建立用途广泛的应用程序，已广泛应用于测试测量、数据采集、仪器控制、机器视觉和运动控制等各种领域。使用这种软件开发平台编程时，基本上不用编写文本程序代码，取而代之的是程序框图。LabVIEW 尽可能利用技术人员、科学家、工程师所熟悉的术语、概念和图标，因此，可以说 LabVIEW 是一个面向最终用户的工具，是专为测试、测量和控制应用而设计的系统工程软件，可快速访问硬件和数据信息，大大提高了工程项目的开发效率。LabVIEW 功能结构如图 4-2 所示。

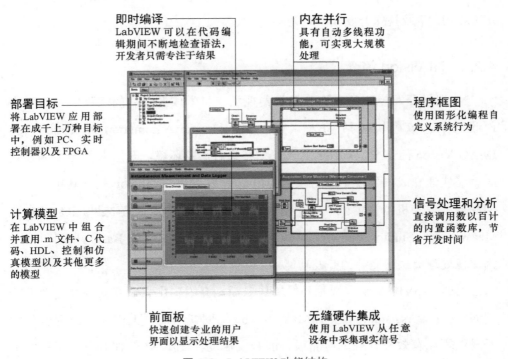

图 4-2　LabVIEW 功能结构

LabVIEW 的图形化编程方法能够应用于硬件配置、测量数据和调试等各个方面，帮助开发者轻松地集成任何供应商的测量硬件，在程序框图中展示复杂的逻辑、开发数据和分析算法，快速自定义工程用户界面。

LabVIEW 具有明显的模块化特性，可通过添加 NI 和第三方的附加工具包或模块来满足用户的各项需求。NI 提供了丰富的附加软件模块及工具包，如 LabVIEW Real-Time 模块、LabVIEW FPGA 模块、视觉开发模块、DAQ 数据采集模块、数据记录与监控模块、机器人模块、高级信号处理工具包、数据库连接工具包、声音与振动工具包、Microsoft Office 报表生成工具包、高级信号处理工具包等。

需要说明的是，使用 LabVIEW 完成机器视觉项目时，还需要安装视觉开发模块，主要包括：VDM（Vision Development Module）、VAS（Vision Acquisition Software）。目前 LabVIEW 及其视觉开发模块已更新至 2020 版，并且新一代的 LabVIEW NXG 已经正式发布。由于笔者个人编程习惯，本书所用 LabVIEW 及视觉开发模块均为 2017 版。

## 4.2.2　NI Vision 简介

NI 视觉开发模块是专为开发机器视觉和科学成像应用的工程师及科学家而设计的。该模块包括 VBAI（Vision Builder for Automation Inspection）和 IMAQ Vision 两部分。VBAI 是一个交互式的开发环境，开发人员无须编写代码就能快速完成机器视觉应用系统的模型建立。IMAQ Vision 是一套包含丰富的图像处理和机器视觉函数的功能库，它将 400 多种函数集成到 LabVIEW 和 Measurement Studio、Labwindows/CV、Visual C++ 及 Visual Basic 开发环境中，为图像处理提供了完整的开发功能。

安装 LabVIEW 及其视觉开发模块以后，会附带生成交互式的视觉助手软件 NI Vision Assistant，它与 IMAQ Vision 协同使用，可大大简化视觉软件的开发过程，有效提升视觉检测项目的开发速度。使用 NI 软件开发机器视觉项目时，一般可先使用 NI Vision Assistant 交互式软件设计并验证视觉软件算法，然后利用 NI Vision Assistant 自带功能自动生成 LabVIEW 源程序，生成的程序中包含与用 NI Vision Assistant 建模时一系列操作相同功能的代码，整理优化后可作为视觉检测的核心算法，集成到自动化测试序列当中。

NI Vision Assistant 的主要特点有：

1）包含分别适用于彩色图像、灰度图和二进制图像的图像处理及分析的相关函数；

2）具有全面的图像处理函数及高级机器视觉函数；

3）高速模式匹配函数可以准确定位大小和方向各异的多种目标对象，甚至在光线不佳时仍然有出色的效果；

4）用于计算多达几十个参数的颗粒分析函数，可方便地获取目标颗粒对象的面积、周长和位置等参数；

5）包括 OCR（光学字符识别）读取和多种条码及二维码的识别函数；

6）具有图像校准功能，可用于纠正透镜变形和相机视角。

NI Vision Assistant 包含丰富的视觉检测函数，使用时只需交互式配置相关参数，便可实现特定的功能，其主要分为以下六类（见图4-3）：

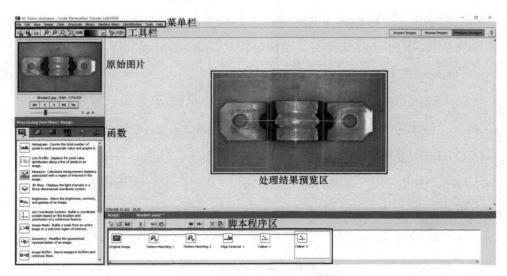

图 4-3　NI Vision Assistant 界面

（1）Image 功能　主要包含图像通用的处理函数，如 Histogram（直方图）、Line Profile（线剖面图）、Measure（测量）、3D View（3D 视图）、Brightness（亮度）、Set Coordinate System（设置坐标系统）、Image Mask（图像屏蔽）、Geometry（几何学）、Image Buffer（图像缓存）、Image Calibration（图像校准）、Overlay（覆盖）等。

（2）Color 功能　主要包含彩色图像处理相关函数，如 Color Operators（彩色运算）、Extract Color Planes（抽取彩色平面）、Color Classification（颜色分类）、Color Threshold（彩色阈值）、Color Segmentation（颜色分割）、Color Matching（颜色匹配）、Color Location（颜色定位）、Color Pattern Matching（颜色模式匹配）。

（3）Grayscale 功能　主要包含灰色图像处理相关函数，如 Lookup Table（查找表）、Filters（滤波器）、Gray Morphology（灰度形态学）、FT Filter（傅里叶滤波器）、Threshold（阈值）、Operators（运算）、Conversion（转换类型）、Quantify（定量分析）、Centroid（质心）、Detect Texture Defects（纹理缺陷检测）等。

（4）Binary 功能　用于处理二值化后的图像，其主要函数有 Basic Morphology（基础形态学）、Particle Filter（粒子过滤）、Binary Image Invertion（二值图像反转）、Particle Analysis（颗粒分析）、Shape Matching（形状匹配）、Circle Detection（圆检测）等。

（5）Machine Vision 功能　主要是执行常见机器视觉检测任务的相关函数，如 Edge Detector（边缘检测）、Find Straight Edge（找直边）、Find Circular Edge（找圆边）、Clamp（夹钳）、Caliper（卡尺）、Pattern Matching（模式匹配）、Geometric Matching（几何匹配）、Contour Analysis（轮廓分析）、Shape Detection（形状检测）等。

（6）Identification 功能　主要是字符和条码识别相关函数，如 OCR/OCV（字符识别 / 字符验证）、Partic Classification（零件分类）、Barcode Reader

（读取一维条码）、Data Matrix Reader（读取 Data Matrix 二维条码）、QR Code Reader（读取 QR 二维条码）、PDF417 Code Reader（读取 PDF417 二维条码）。

## 4.3 缺陷检测硬件实现方案

### 4.3.1 缺陷检测系统背景介绍

本章以电池部件的外观缺陷检测为例，介绍 NI 机器视觉缺陷检测系统的一般实现方法。图 4-4 所示为某电池部件的缺陷示例，其中左上角为无缺陷的部件，即整个部件内部无黑色缺陷区域，其他为主要缺陷类型。因示例图中电池部件的大小、角度以及缺陷的类型均有所不同，增加了系统缺陷检测的难度。

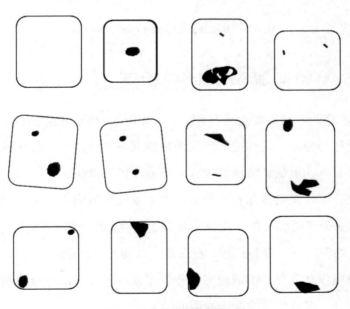

图 4-4 电池部件缺陷示例

### 4.3.2 缺陷检测硬件实现方案

根据对机器视觉缺陷检测项目的背景分析，决定选用德国工业相机制造商 Basler（巴斯勒）的 Basler acA1300-30gm 工业相机，配备 25mm 的工业镜头（见图 4-5）。Basler acA1300-30gm 通过 GigE 接口与主机连接，在安装 LabVIEW 及相关视觉开发模块后，可打开 NI 自带设备管理软件 NI MAX，在"设备与接口"—"网络设备"中找到已识别的 Basler acA1300-30gm 相机，然后根据示例图中部件的尺寸、间距等信息，设置相机的相关参数，如拍照模式、图像类型、焦距、帧率、曝光时间等，以得到较完美的成像效果。

图 4-5　Basler acA1300-30gm 工业相机

## 4.4　缺陷检测算法设计与验证

使用 NI 软件开发机器视觉项目时，可先用 NI Vision Assistant 进行视觉检测算法的设计与验证，这样能够有效地提高项目开发速度，在联调之前即可初步确定并检验机器视觉缺陷检测算法的正确性和可靠性。

根据上述部件缺陷检测背景分析，可大致确定缺陷检测算法的方向：第一步，通过阈值处理得到二值化图像，以方便后续处理；第二步，通过去除边界、孔洞填充、图像差值处理等过程，获取缺陷区初步的图像；第三步，经过滤波、颗粒分析等操作获取更准确的缺陷部分的图像；第四步，与原图进行差值处理实现缺陷分割，得到最终的缺陷检测的结果。

### 4.4.1　二值化

根据 NI MAX 中的相机配置，采集到的部件图像为 8 位灰度图。从缺陷示例图片可以看出，相对于其他区域，缺陷区和边界明显更暗、像素值低，因此可先对原图进行二值化处理，即阈值分割，得到缺陷区和边界部分的二值图，或者除两者以外区域的二值图。

二值化就是我们常说的阈值分割，该算法首先对目标图像设定一个阈值 $T$，然后对整个目标图像的像素进行扫描和比对，根据该像素值与阈值大小的比较来对图像进行分割处理。其表达式如下：

$$f(x)=\begin{cases} 0, & x<T \\ 255, & x \geq T \end{cases}$$

因本方案采用的视觉检测算法最终与原图进行 Image Mask（图像屏蔽）处理实现缺陷图像分割，因此第一步还需要使用 Image Buffer（图像缓存）功能保存原始图像，然后再进行二值化处理。二值化处理如图 4-6 所示，设置为找出图像中的亮色区域，即除去缺陷区和边界以外的图像，阈值 $T$ 设置为 200。

图 4-6　二值化处理

## 4.4.2　获取缺陷图像

二值化处理后得到除缺陷及图像边界以外整个部分的二值图像，还需要

**工业机器人典型工作站虚拟仿真详解**

经过形态学处理，去除边界，得到仅包含待测部件范围内的图像。通过 Adv.
Morphology（高级形态学）函数，选择 Remove border objects 除去边界功能，
可去除与部件不相连的外部图像区域，得到仅剩待测部件区域的图像，其效果
如图 4-7 所示。

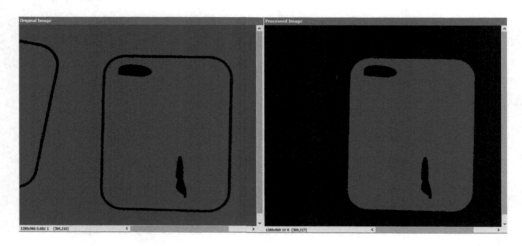

图 4-7　Remove border objects 除去边界

得到去除边界的图像后，需再次使用 Image Buffer 功能保存此时的图像，
用于与填充后的图像对比以得到缺陷部分的图像。保存去除边界的图像后，可
通过 Adv.Morphology 高级形态学处理中的 Convex Hull 填充孔洞功能，得到
缺陷填充后的图像，如图 4-8 所示。

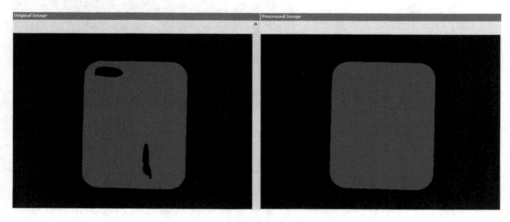

图 4-8　Convex Hull 填充孔洞

填充孔洞后得到部件整体轮廓二值图像，与填充前的图像进行比对，即可大致分割出缺陷图像。使用 Operators 函数中的 Absolute Difference 方法，将Convex Hull 填充孔洞前后的图像进行差值图像处理，可初步获取缺陷部分图像，如图 4-9 所示。

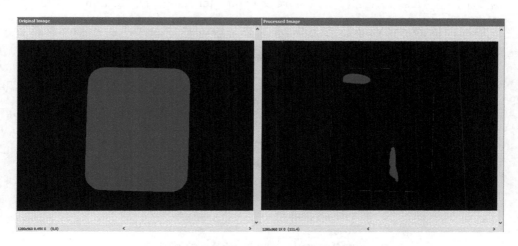

图 4-9　Absolute Difference 差值图像处理

Absolute Difference 方法处理后得到的缺陷部分的图像，一般都会存在一定的边缘轮廓图像残留，还需要经过再一次的形态学处理，得到干净的仅包含缺陷区的图像。通过 Basic Morphology 基础形态学函数中的 Erode Objects 膨胀腐蚀方法，可去除上述残留的边缘轮廓图像，如图 4-10 所示。

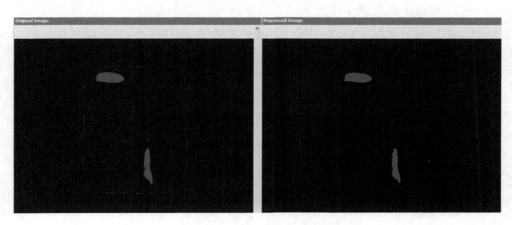

图 4-10　Erode Objects 腐蚀去除边界

### 4.4.3 缺陷颗粒分析

Erode Objects 膨胀腐蚀去除边界后，还需要经过简单的滤波处理，去除其中一些可能存在的小的噪点图像。具体方法是通过 Particle Filter（颗粒滤波器）函数中的"Area"（面积）选项，设置 Parameter Range 的"Minimum Value"为 0、"Maximum Value"为 100，单位为"Pixels"（像素），Action 设置为"Remove"。Particle Filter 设置界面如图 4-11 所示。

图 4-11　Particle Filter 设置

通过上述步骤得到干净的缺陷区的图像后，已经实现了基本的缺陷检测的目的，但在一般实际工程应用中，还需要考虑两个问题：一是如何得到缺陷部分的详细信息，如位置、边界、面积等；二是如何在原图中标记或者明显展现出缺陷部分的图像信息。

可通过 Particle Analysis 颗粒分析函数，直接得到所有颗粒即缺陷部分的各种分析结果的相关参数信息，如图 4-12 所示。使用 Particle Analysis 函数时还可打开 Select Measurements 设置，勾选想要获得的相关缺陷参数信息。这里我们选择获取全部默认信息，然后在实际 VI 编程中通过簇解绑的方式获取实际需要的缺陷面积等参数。

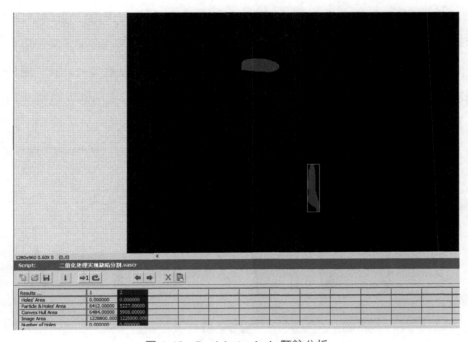

图 4-12　Particle Analysis 颗粒分析

### 4.4.4　缺陷分割

经过上面的操作已经得到了部分缺陷的二值图像及其参数信息，现在需要使用 Operators 函数中的 Absolute Difference 差值图像处理功能，得到全图缺陷的二值图像，其效果如图 4-13 所示。

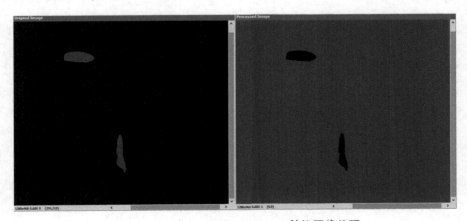

图 4-13　二次 Absolute Difference 差值图像处理

为了能够在原图中突出缺陷部分的图像，需首先保存得到的二值缺陷图像，并导出之前缓存的原始图像，然后利用 Operators 函数进行 Mask（图像屏蔽）比对，使得缺陷部分的图像像素值变为 0（纯黑色）。从图 4-14 中左侧的原始图像与右侧处理后的图像对比可以看出，缺陷部分由原来的暗灰色变为纯黑色，而其他特征不变。

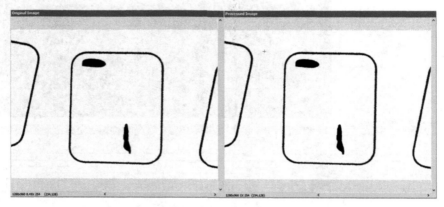

图 4-14　Mask 比对

因为处理后缺陷区的图像全部变为 0 像素值，而原图缺陷部分本身也为低像素值的暗灰色，对比不是很明显。为了在原图上突出显示缺陷部分，最后通过 Lookup Table（查找表）函数中的 Logarithmic 算法弱化灰度边界，即提高边界区域的像素值，使 0 像素值的缺陷部分与像素值较高的边界区域对比更加明显，从而达到有效突出显示缺陷部分图像的目的，其效果如图 4-15 所示。

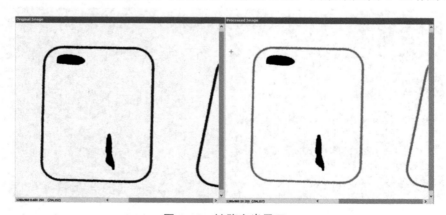

图 4-15　缺陷突出显示

　　利用 NI Vision Assistant，经过以上步骤，设计并验证了能够有效分割缺陷并获得缺陷面积等详细信息的视觉检测算法。结果证明，该缺陷检测算法具有较高的准确性、快速性和实用性，能够有效地检测出缺陷示例图中包含的所有缺陷。其运行效果如图 4-16 所示。

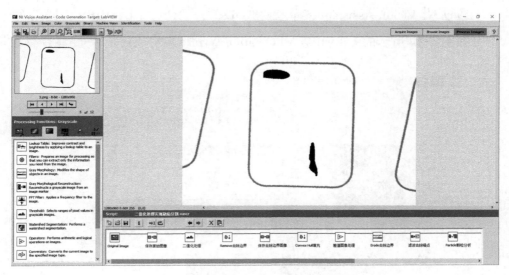

图 4-16　NI Vision Assistant 运行效果

　　需要说明的是，实现本缺陷检测项目的算法还有很多，如通过对电池部件进行抓边精确定位后二值化分割缺陷等。实际工程应用中，一般需要经过大量待检产品图像去验证哪种算法更准确、更快速、适用于更多其他可能的情况。在使用 NI Vision Assistant 设计机器视觉检测算法时，有些函数中包括了多种算法及相关参数，需要一定的经验去把握各算法的检测效果。在经验不足、无法预计算法效果时，可能需要大量的摸索试验，最终确定最合适的视觉检测算法。

## 4.5　缺陷检测软件编程实现

　　通过 NI Vision Assistant 设计缺陷检测算法，在多次运行验证缺陷检测效果较为理想后，即可将 NI Vision Assistant 中的缺陷检测算法 Script 程序导出为 LabVIEW 的 VI 源程序，经过整理和优化后作为整个视觉检测系统软件的视觉检测核心算法，嵌入到最终的 NI 机器视觉缺陷检测系统软件当中。

## 4.5.1　导出 VI 源程序

通过 NI Vision Assistant 菜单栏"TooLs"—"Create LabVIEW VI"，可打开如图 4-17 所示的 LabVIEW VI Creation Wizard 向导软件。

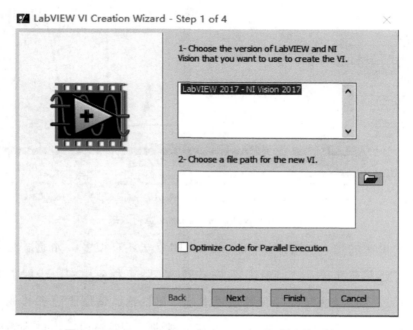

图 4-17　LabVIEW VI Creation Wizard 向导（第 1 步）

NI Vision Assistant 导出 VI 源程序总共分为 4 步。第 1 步是选择 LabVIEW 的版本以及导出 VI 的路径和名称。当计算机中安装了多个版本的 LabVIEW 时可选择导出的 LabVIEW 代码版本，否则默认为当前唯一版本。第 2 步为选择 Script，选择默认的"Current Script"选项。第 3 步为选择图像源（见图 4-18），NI Vision Assistant 确定缺陷检测算法时使用的是缺陷示例图片，而实际图像源来自摄像头采集图像。

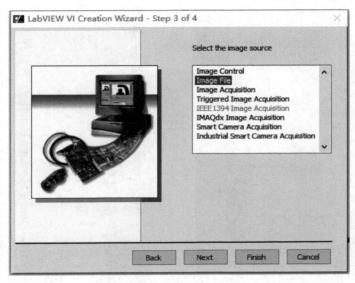

图 4-18　LabVIEW VI Creation Wizard 向导（第 3 步）

第 4 步是选择缺陷检测算法对应的输入 / 输出参数（见图 4-19），这里仅需要勾选 VI 程序实际编程过程中需要的输入 / 输出参数，留出相应的输入 / 输出控件接口。如果暂时还无法准确确定所需的输入 / 输出参数，可初步勾选已明确需要使用的输入 / 输出参数，导出为 VI 源程序后，软件编程时根据需要再手动添加输入 / 输出控件。

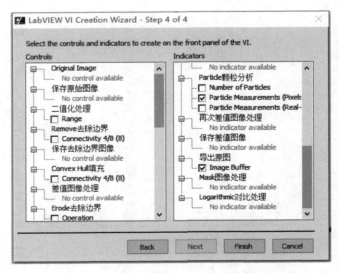

图 4-19　LabVIEW VI Creation Wizard 向导（第 4 步）

NI Vision Assistant 自动导出的 VI 源程序一般会比较凌乱，可读性较差，还需要后续手动整理。整理后的 VI 源程序如图 4-20 所示。

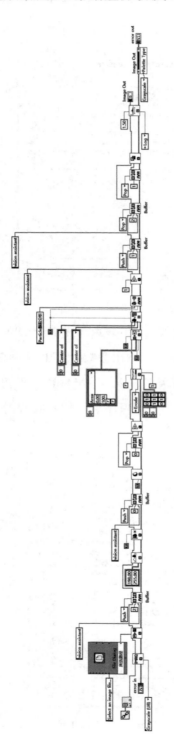

图 4-20　整理后的 VI 源程序

NI Vision Assistant 导出的 VI 源程序只是整个 NI 机器视觉缺陷检测系统软件中缺陷检测算法部分的程序，其他如测量结果显示、操作日志显示、配置文件、操作日志及生产日志显示等功能性代码，还需要另外根据实际功能需求编写完善。

## 4.5.2　机器视觉软件框架

根据机器视觉缺陷检测的功能需求，初步选择"队列消息处理器"（QMH，Queue Message Handler）设计模式。

结合项目实际需求与功能分析，整个 NI 机器视觉缺陷检测软件采用基于生产者/消费者设计模式的队列消息处理器，其软件框架结构如图 4-21 所示。

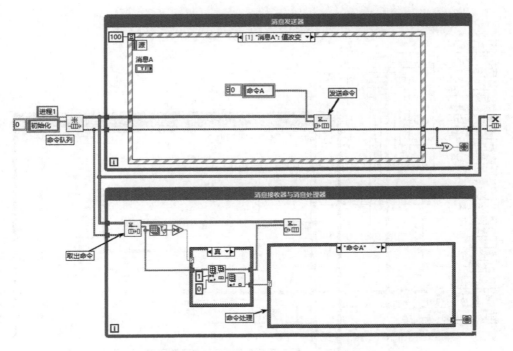

图 4-21　基于生产者 / 消费者设计模式的队列消息处理器

　　根据实际应用经验，部分用户操作将涉及多条操作命令，因此确定其中队列元素采用字符串数组的形式。考虑到后期功能和应用的扩展性，其消息接收器和消息处理器封装为通用子 VI，后期可适用于多摄像头多通道缺陷检测。最终形成的 NI 机器视觉缺陷检测软件框架结构如图 4-22 所示，仅保留消息发送器作为用户事件循环，用于响应用户所有的操作，根据用户事件产生不同的指令并打包为字符串数组的形式送入 Process1 进程队列中；将各控件的引用捆绑为簇作为输入参数送入封装为子 VI 的消息接收器和消息处理器（CCD Handler）中，由其不断依次读取队列中的指令并执行具体的用户事件。

　　NI 机器视觉缺陷检测软件框架结构中，QMH 对应的消息接收器和消息处理器循环封装为独立的子 VI，如图 4-23 所示，通过不断读取消息发送器和消息处理器（用户事件循环）发送至队列中的命令，依次响应用户事件，执行具体的操作。其内循环读取到 "end" 命令后停止，外循环读取到 "退出" 命令后停止。

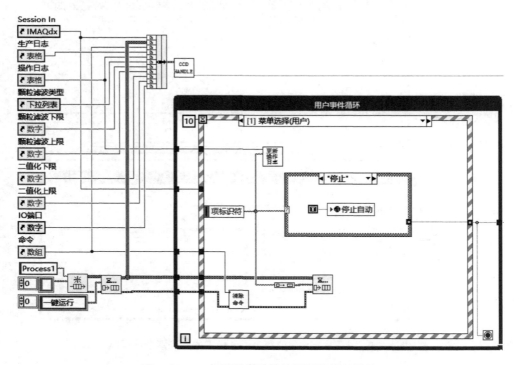

图 4-22　NI 机器视觉缺陷检测软件框架结构

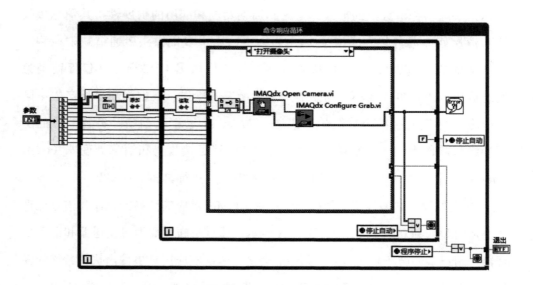

图 4-23　消息接收器和消息处理器子 VI

### 4.5.3　用户界面及菜单

　　LabVIEW 开发的软件包括前面板和后面板两部分。前面板即用户界面，后面板也叫程序框图，即程序代码。LabVIEW 软件开发时，设计好软件框架后，可先初步布局并创建前面板软件用户界面，然后再编写后面板程序代码，最后根据实际编写的功能代码，调整和优化用户界面。

　　本 NI 机器视觉缺陷检测软件的用户界面如图 4-24 所示，其左上角为菜单栏，中间为图像显示区，左下方为生产日志显示区，右侧从上到下分别为参数设置区和操作日志显示区。其中，参数设置区中除了需要根据实际配置的相机资源名称和 I/O 端口号以外，还有视觉检测算法中可能需要根据实际情况略微调整参数的二值化和颗粒滤波函数的相关输入控件。

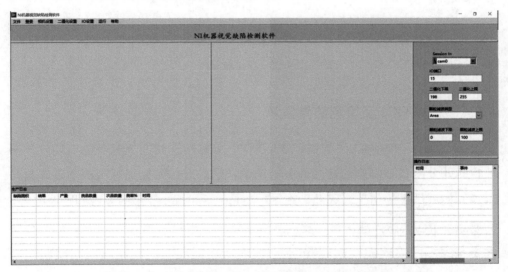

图 4-24　NI 机器视觉缺陷检测软件用户界面

　　LabVIEW 软件运行时显示的菜单栏，需要编程时通过打开 LabVIEW 菜单编辑器进行编辑设置，其主要目的是方便用户根据类别快速进行相关操作，并可大大节省用户界面的空间。根据项目功能需要，本缺陷检测软件设置了以下菜单："文件"菜单主要进行文件查看、退出等操作；"相机设置"菜单主要执行图像采集相关命令，包括打开摄像头、采集图像、连续采集、关闭摄像头；"二值化设置"菜单主要是二值化参数的相关操作，包括保存参数和载入参数；

"I/O 设置"菜单主要执行初始化 I/O 卡命令；"运行"菜单包括"运行一次"、"自动运行"、"一键运行"和"停止"四个子菜单项；"帮助"菜单主要包含一些附加信息和辅助功能等子菜单项，如"截图"、"使用说明"等。菜单编辑器界面如图 4-25 所示。

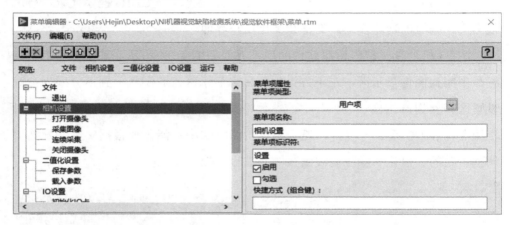

图 4-25　菜单编辑器

## 4.5.4　添加 ROI 及检测结果显示

　　NI Vision Assistant 中导出的 VI 源程序是缺陷检测的核心算法，能够有效地检测并分割出待测产品缺陷部分的图像，但是并没有标记缺陷部分图像及显示最终检测结果的信息。因此，在 NI Vision Assistant 导出的 VI 源程序中，还需要添加 ROI（感兴趣区域）及检测结果显示等相关标注信息，该部分的 VI 如图 4-26 所示。

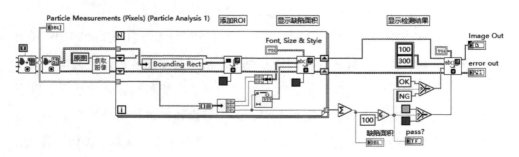

图 4-26　添加 ROI 及检测结果显示部分 VI

首先由 IMAQ Particle Analysis 颗粒分析函数获取包含各颗粒（即缺陷部分）测量结果的 Particle Measurements 数组，并由 IMAQ Particle Analysis Report 函数得到包含各颗粒测量结果的簇数组。然后经过 For 循环，依次为每个颗粒添加合适的矩形 ROI，框出颗粒部分的图像，并在 ROI 上方显示缺陷部分的像素面积。最后将各缺陷面积相加，判断是否小于或等于 100，如果结果为真，则表示测量通过，"Pass" 指示灯点亮，并且在当前图像上显示绿色 "OK" 字符；如果各缺陷面积总和大于 100，则表示产品不合格，在当前图像上以红色字体显示 "NG" 字符。添加 ROI 及检测结果的效果如图 4-27 所示。

图 4-27　添加 ROI 及检测结果显示效果

## 4.5.5　生产日志与操作日志

软件框架和缺陷检测算法部分的程序确定以后，还需要完善一些实际工业应用中常见的功能，其中生产日志和操作日志就是很重要的一项。以生产日志为例，需要展示生产过程中的一些基本信息，如缺陷面积、测量结果、产量（总检测数量）、良品数量、次品数量、良率、时间等信息。其中，缺陷检测结果为 "Pass" 时，良品数量加 1，测量结果为 "PASS"；否则，次品数量加 1，测量结果为"FAIL"。生产日志子 VI 如图 4-28 所示。将各生产日志信息依次整理排列后添加到生产日志表格中，最近的生产日志信息展示在表格的开头。

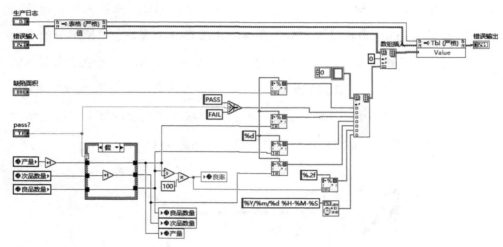

图 4-28　生产日志子 VI

　　除了上述信息，还可根据项目实际情况在生产日志中添加其他信息，以便更详细地记录和统计生产状况。本软件生产日志运行效果如图 4-29 所示。操作日志部分与生产日志类似，主要是依次记录用户所有操作触发的操作事件及操作的当前时间，最新的操作一般排在操作日志的最前面，方便操作人员及时查看操作内容。

| 生产日志 | | | | | | |
|---|---|---|---|---|---|---|
| 缺陷面积 | 测量结果 | 产量 | 良品数量 | 次品数量 | 良率(%) | 时间 |
| 13013 | FAIL | 145 | 21 | 124 | 14.48 | 2021/03/06 19-56-32 |
| 13015 | FAIL | 144 | 21 | 123 | 14.58 | 2021/03/06 19-56-32 |
| 13028 | FAIL | 143 | 21 | 122 | 14.69 | 2021/03/06 19-56-32 |
| 17548 | FAIL | 142 | 21 | 121 | 14.79 | 2021/03/06 19-56-32 |
| 14564 | FAIL | 141 | 21 | 120 | 14.89 | 2021/03/06 19-56-32 |
| 17579 | FAIL | 140 | 21 | 119 | 15.00 | 2021/03/06 19-56-31 |
| 10034 | FAIL | 139 | 21 | 118 | 15.11 | 2021/03/06 19-56-31 |
| 10121 | FAIL | 138 | 21 | 117 | 15.21 | 2021/03/06 19-56-31 |
| 10067 | FAIL | 137 | 21 | 116 | 15.33 | 2021/03/06 19-56-31 |

图 4-29　生产日志运行效果

## 4.5.6　配置文件

在实际工业应用中，除了主要功能的实现，还要考虑到系统的自动化程度，尽量减少操作人员的工作量，因此还需要加入读取和写入配置文件的功能。用户根据本次运行需要，设置好合适的参数后，可通过菜单栏选择保存参数，消息发送器（用户事件循环）自动添加保存参数命令，消息读取器和消息处理器循环子 VI（CCD Handler）读取保存参数命令，进入对应的条件结构并执行具体的保存参数功能，其源程序如图 4-30 所示。

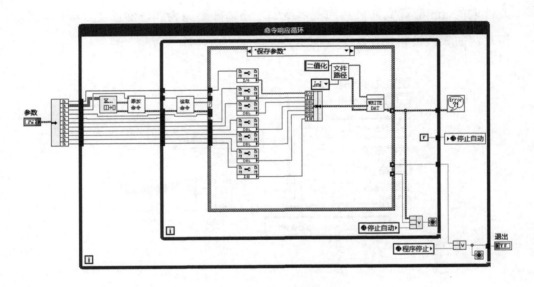

图 4-30　读取保存参数命令事件

CCD Handler 子 VI 读取到保存参数命令时，首先将所有参数捆绑为簇，然后通过创建文件子 VI 创建 .ini 配置文件，如图 4-31 所示。创建文件子 VI 可作为通用功能 VI，根据所选文件类型的不同，自动在应用程序目录下创建以机种为名称的文件夹，并在该文件夹下以步骤为名创建对应的 .ini、.dat、.bng、.uv、.shm 等不同格式的文件。此处为保存配置文件，选择 .ini 格式。

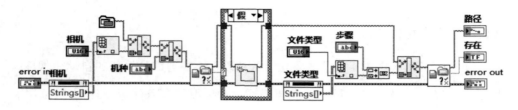

图 4-31　创建文件子 VI

同理，用户开始运行前，也可载入上次运行时保存的参数，减少或省去缺陷检测参数设置的步骤，其写入和读取 .ini 配置文件子 VI 如图 4-32 所示。因为保存参数时是将所有参数捆绑为簇然后转变为变体写入 .ini 配置文件的，因此读取的 .ini 配置文件仍然为变体格式，还需要还原为簇，然后经过解绑簇送至对应的参数设置控件。

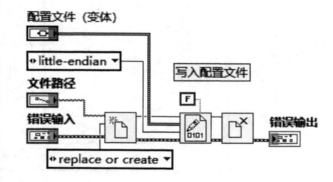

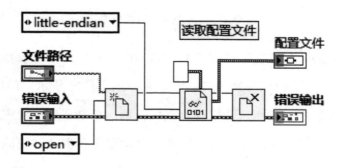

图 4-32　写入 .ini 配置文件子 VI 和读取 .ini 配置文件子 VI

### 4.5.7　I/O 卡控制

上述缺陷检测软件实现了待测产品的单次检测功能，要实现最终的工业应用，还需要一套运动控制系统，用于控制待测产品的移动以及缺陷产品的挑选等操作。目前市面上有很多成熟可靠的通用运动控制平台，只需要给出相应的指令，即可控制平台按照设定的规则动作。如果要实现产品缺陷检测及挑选的流水化操作，还需要标定、对中、坐标转换等运动控制相关功能的支持。在本机器视觉缺陷检测系统中，重点在于机器视觉检测功能的实现，运动控制方面只利用普通的 I/O 卡做触发检测，其涉及一些基本操作，如初始化 I/O 卡、检测上升沿输入信号、输出检测结果、输出复位等。因为相关的 I/O 卡已经提供了封装好的函数驱动，使用时只需适当调用即可，整体比较简单，如其中初始化 I/O 卡部分的 CCD Handler 子 VI 如图 4-33 所示。

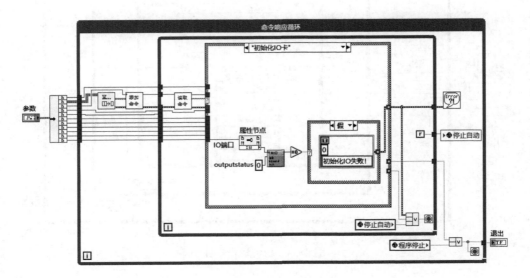

图 4-33　初始化 I/O 卡部分的 CCD Handler 子 VI

### 4.5.8　自动运行

在"运行"菜单中设置了"运行一次"、"自动运行"、"一键运行"和

"停止"等菜单项,可根据实际需要选择对应的事件响应功能。"停止"就是停止本次检测,自动关闭摄像头、复位 I/O 卡,下次运行时需重新打开摄像头并初始化 I/O 卡。"运行一次"是指对所采集的当前图像进行一次缺陷检测。"一键运行"是指进入自动运行事件并完成运行前的相关操作,如载入参数、打开摄像头、初始化 I/O 卡、延时等待。"自动运行"是指连续自动运行,只要检测到 I/O 卡的触发检测信号,就自动响应运行一次命令,即对当前图像执行一次缺陷检测,依次完成监测 I/O 卡上升沿输入信号、采集图像、运行一次、更新生产日志、输出检测结果等操作,并再次进入自动运行事件,不断循环,如图 4-34 所示。

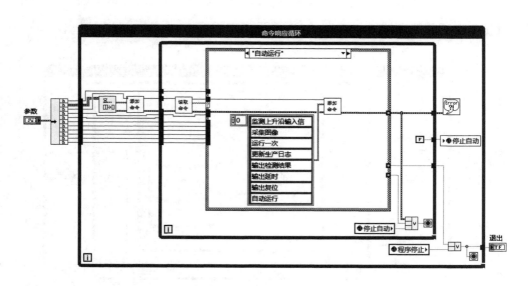

图 4-34　自动运行事件

# 4.6 缺陷检测联机调试

经过上述缺陷检测系统硬件实现方案的确定、缺陷检测算法设计与验证,以及对应的软件编程实现,经过反复测试,运行效果理想。随后进行 NI 机器视觉缺陷检测系统联机调试，各项功能运行正常，符合设计要求，可方便有效地进行电池部件缺陷检测。其联调测试运行效果如图 4-35 所示。

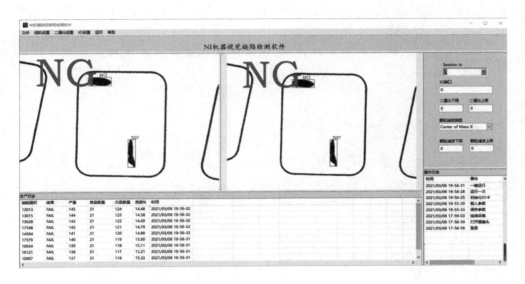

图 4-35　NI 机器视觉缺陷检测软件运行效果

## 4.7　本章小结

本章以武汉商学院与苏州宇量电池有限公司的机器视觉缺陷检测系统课题为依托，针对电池部件缺陷检测的需求，利用 NI LabVIEW 软件开发了一套 NI 机器视觉缺陷检测系统，并对其涉及的主要关键技术进行了研究。

本章的主要内容如下：

1）根据 NI 机器视觉缺陷检测系统的项目背景与需求，确定了具体的机器视觉硬件实现方案，并利用 NI Vision Assistant 快速设计并验证了本缺陷检测的机器视觉检测算法。

2）针对本项目的需求，确定了该机器视觉缺陷检测案例的具体软件编程方法，包括缺陷检测系统的软件框架分析与设计，以及机器视觉检测系统各常用功能模块的编程开发。最后进行联调测试，验证了该缺陷检测系统设计方案的可行性和有效性。

# 参 考 文 献

[1] 杨杰，李志强. 滚筒焊接机器人系统的研发建设 [J]. 焊接技术，2021，50（6）：70-73，108.

[2] ARAD B，BALENDONCK J，BARTH R，et al. Development of a Sweet Pepper Harvesting Robot[J]. Journal of Field Robotics，2020，37（6）：1027-1039.

[3] GWON J H，KIM H，BAE H S，et al. Path Planning of a Sweeping Robot Based on Path Estimation of a Curling Stone Using Sensor Fusion[J]. Electronics，2020，9（3）：457.

[4] GUPTA S K. Manufacturing in the Era of 4th Industrial Revolution：A World Scientific Reference（in 3 Volumes）[M]. Singapore City：World Scientific Publishing Company，2021.

[5] 余丰闻，田进礼，张聚峰，等. ABB 工业机器人应用案例详解 [M]. 重庆：重庆大学出版社，2019.

[6] 鲍清岩，毛海燕，湛年远，等. 工业机器人仿真应用 [M]. 重庆：重庆大学出版社，2018.

[7] 雷旭昌，王定勇，王旭. 工业机器人编程与操作 [M]. 重庆：重庆大学出版社，2018.

[8] 孙立新，高菲菲，王传龙，等. 基于 RobotStudio 的机器人分拣工作站仿真设计 [J]. 机床与液压，2019，47（21）：29-33.

[9] 周军,黄建鹏,贾小磊,等.弧焊机器人工作站在重工行业的应用[J].金属加工（热加工），2019（11）：10-11，15.

[10] 陈萍，周会超，周虚. 构建虚拟仿真实验平台，探索创新人才培养模式 [J]. 实验技术与管理，2011（3）：288-291.

[11] 吕明珠.基于Robotmaster的工业机器人虚拟仿真实验平台设计[J].电气开关,2017（6）：26-29.

[12] 白瑞峰，房朝晖，靳荔成，等. 融合机器视觉的工业机器人虚拟平台构建 [J]. 实验室

研究与探索，2017，36（5）：246-249.

[13]  李玉胜，董保香，穆洁尘. 基于 Unity 与 HTC Vive 的 Delta 机器人虚拟仿真实验 [J].
教育现代化，2019，58（6）：291-292.

[14]  杨高科. 图像处理、分析与机器视觉：基于 LabVIEW [M]. 北京：清华大学出版社，
2018.

[15]  徐伟锋，刘山. 基于机器视觉的接头组件表面缺陷检测系统研究 [J]. 机床与液压，
2020（16）：72-77.

[16]  孙国栋. 机器视觉检测理论与算法 [M]. 北京：科学出版社，2015.

[17]  郑彬，刘创. 基于机器视觉的连杆表面缺陷检测系统 [J]. 制造业自动化，2020，42（11）：
49-71，107.